ISW 24

Berichte aus dem Institut für Steuerungstechnik
der Werkzeugmaschinen und Fertigungseinrichtungen
der Universität Stuttgart

Herausgegeben von Prof. Dr.-Ing. G. Stute

D. BINDER

Interpolation in numerischen Bahnsteuerungen

Springer-Verlag
Berlin · Heidelberg · New York 1979

D 93

Mit 75 Abbildungen

ISBN-13 : 978-3-540-09007-6   e-ISBN-13 : 978-3-642-81270-5
DOI : 10.1007 / 978-3-642-81270-5

Vorwort des Herausgebers

Das Institut für Steuerungstechnik der Werkzeugmaschinen und Fertigungseinrichtungen der Universität Stuttgart befaßt sich mit den neuen Entwicklungen der
Werkzeugmaschine und anderen Fertigungseinrichtungen, die insbesondere durch
den erhöhten Anteil der Steuerungstechnik an den Gesamtanlagen gekennzeichnet
sind. Dabei stehen die numerisch gesteuerte Werkzeugmaschine in Programmierung, Steuerung, Konstruktion und Arbeitseinsatz sowie die vermehrte Verwendung des Digitalrechners in Konstruktion und Fertigung im Vordergrund des In-
teresses.

Im Rahmen dieser Buchreihe sollen in zwangloser Folge drei bis fünf Berichte pro
Jahr erscheinen, in welchen über einzelne Forschungsarbeiten berichtet wird. Vor-
zugsweise kommen hierbei Forschungsergebnisse, Dissertationen, Vorlesungsmanu-
skripte und Seminarausarbeitungen zur Veröffentlichung.

Diese Berichte sollen dem in der Praxis stehenden Ingenieur zur Weiterbildung
dienen und helfen, Aufgaben auf diesem Gebiet der Steuerungstechnik zu lösen.
Der Studierende kann mit diesen Berichten sein Wissen vertiefen.

Unter dem Gesichtspunkt einer schnellen und kostengünstigen Drucklegung wird
auf besondere Ausstattung verzichtet und die Buchreihe im Fotodruck hergestellt.

Der Herausgeber dankt dem Springer-Verlag für Hinweise zur äußeren Gestaltung
und Übernahme des Buchvertriebs.

Stuttgart, im Februar 1972

Gottfried Stute

Inhaltsverzeichnis

Schrifttum
______

/1/   Stute, G.   DNC, CNC, PC - Der Einsatz
      Victor, H.   von Prozeßrechnern bei der
                         Steuerung von Werkzeugma-
                         schinen. wt - Z. ind. Fertig.
                         63 (1973) Nr. 6, S. 323...326.

/2/   Binder, D.   Entwicklung der digitalen
      Wörn, H.   Halbleitertechnik und ihr
                         Einfluß auf die Prozeßauto-
                         matisierung im Maschinenbau.
                         Konstruktion 29 (1977) Nr. 6,
                         S. 219...226.

/3/   Herold, H. H.   Die numerische Steuerung in
      Maßberg, W.   der Fertigungstechnik.
      Stute, G.   Düsseldorf: VDI-Verlag 1971.

/4/   Stute, G.   Steuerungstechnik der Werk-
                         zeugmaschinen.
                         Manuskript zur Vorlesung 1977.

/5/   Simon, W.   Die numerische Steuerung von
                         Werkzeugmaschinen.
                         München: Hanser-Verlag 1971.

/6/   Derenbach, T.   Die CNC-Steuerung. Ein Bei-
                         trag zum Einsatz frei pro-
                         grammierbarer Kleinrechner
                         in numerischen Werkzeugma-
                         schinensteuerungen.
                         Dissertation 1973, RWTH Aachen.

/7/   Stute, G.   Die Steuerung flexibler Fer-
       Storr, A.   tigungssysteme.
       Binder, D.   wt - Z. ind. Fertig. 65 (1975)
                             Nr. 6, S. 313...318.

/8/   Stute, G. Hrsg.   Die Lageregelung an Werkzeug-
                             maschinen.
                             3. überarbeitete Auflage.
                             Stuttgart: Selbstverlag des
                             Instituts für Steuerungstech-
                             nik der Werkzeugmaschinen und
                             Fertigungseinrichtungen 1975.

/9/   Schmid, D.   Numerische Bahnsteuerung.
                             Beitrag zur Informationsver-
                             arbeitung und Lageregelung.
                             ISW 1. Berlin, Heidelberg,
                             New York: Springer-Verlag 1972.

/10/   Boelke, K.   Analyse und Beurteilung von
                             Lagesteuerungen für numerisch
                             gesteuerte Werkzeugmaschinen.
                             ISW 17. Berlin, Heidelberg,
                             New York: Springer-Verlag 1977.

/11/   Stof, P.   Untersuchung von Möglichkeiten
                             zur Reduzierung dynamischer
                             Bahnabweichungen bei numerisch
                             gesteuerten Werkzeugmaschinen.
                             ISW 20. Berlin, Heidelberg,
                             New York: Springer-Verlag 1978.

/12/   Damsohn, H.   Fünfachsiges NC-Fräsen. Bei-
                             trag zur Technologie, Teile-
                             programmierung und Postpro-
                             zessorverarbeitung. ISW 14.
                             Berlin, Heidelberg, New York:
                             Springer-Verlag 1976.

/13/ Jetter, H.
      Spieth, U.

Zeitdiskrete Sollwertvorgabe
an den Lageregelkreis.
wt - Z. ind. Fertig. 64 (1974)
Nr. 10, S. 626...633.

/14/ Ackermann, J.

Abtastregelung. Berlin, Heidelberg, New York: Springer-Verlag 1972.

/15/ Föllinger, O.

Lineare Abtastsysteme. München,
Wien: R. Oldenbourg-Verlag
1974.

/16/ Bergren, Ch.

Do Parabolic Interpolation
with less Memory. Control
Engineering, May 1975,
S. 44...45.

/17/ Eisinger, J.

Numerisch gesteuerte Mehrachsenfräsmaschinen. Fräsbahnab-
weichung aufgrund der Kinematik
und Interpolation.
ISW 3. Berlin, Heidelberg,
New York: Springer-Verlag 1972.

/18/ Bjoerke, O.

Interpolation Procedures in
Computer controlled Machine
Tools. Paper presented at the
CIRP TC"O"-Meeting in Paris,
January 1977.

/19/ Schmid, D.

Interpolation bei numerischen
Bahnsteuerungen.
steuerungstechnik 2 (1969) Nr. 9,
S. 342...349.

/20/ Götz, E. — Digital arbeitende Interpolatoren für numerische Bahnsteuerungen. AEG-Mitt. 51 (1961) Nr. 1/2, S. 34...44.

/21/ Sizer, T. R. — The Digital Differential Analyzer. London: Chapmann and Hall LTD 1968.

/22/ Knorr, E. — Numerische Bahnsteuerung zur Erzeugung von Raumkurven auf rotationssymmetrischen Körpern. ISW 8. Berlin, Heidelberg, New York: Springer-Verlag 1973.

/23/ Wortzman, D. — A Software Interpolation Scheme for Direct Numerical Control. In: NC-Managments Key to the Seventies; Proceedings of the 7th Annual Meeting and Technical Conference of the Numerical Control Society, Boston, April 8...10, 1970.

/24/ Gose, H. — Geschwindigkeitsproportionale Lagesollwertermittlung bei CNC mit Mikroprozessor. wt - Z. ind. Fertig. 67 (1977) Nr. 7, S. 377...382.

/25/ Wilkinson, J.H. — Rundungsfehler. Heidelberger Taschenbücher Band 44. Berlin, Heidelberg, New York: Springer-Verlag 1969.

/26/   Struger, O.   Fehleranalyse digitaler Impuls-
                            folgemultiplikatoren bei der
                            Verwendung als Funktionsgene-
                            ratoren für lineare zweidi-
                            mensionale Bahnsteuerungen von
                            Werkzeugmaschinen.
                            E und M 83 (1972) Nr. 10,
                            S. 412...422.

/27/   Stute, G.   Grundlagen der Prozeßautoma-
        u.a.   tisierung für die Fertigung/
                            Prozeßsteuerung (Steuerung
                            flexibler Fertigungssysteme).
                            PDV-Bericht Nr. 107.
                            Karlsruhe: Gesellschaft für
                            Kernforschung mbH 1977.

/28/   Goldberg, S.   Differenzengleichungen und
                            ihre Anwendung in Wirtschafts-
                            wissenschaft, Psychologie und
                            Soziologie.
                            München, Wien: Oldenbourg-
                            Verlag 1968.

/29/   Herrscher, A.   Steuerdatenabarbeitung in ei-
                            nem Steuersystem für flexible
                            Fertigungssysteme (Teil 1).
                            Essen: Girardet-Verlag: HGF-Kurz-
                            bericht (Lose-Blattsammlung)
                            Blatt 76/94.

/30/   Meschkowski, H.   Mathematisches Begriffswörter-
                            buch. BI-Hochschultaschenbuch
                            99/99 a. Mannheim: Bibliogra-
                            phisches Institut, Hochschul-
                            taschenbücher-Verlag 1966.

/31/   Stute, G.   Steuerungen an Werkzeugma-
                              schinen.
                              Tagungsbroschüre des ICM'77-
                              Internationaler Congress für
                              Metallbearbeitung, hrsg. vom
                              VDW-Verein Deutscher Werkzeug-
                              maschinenfabriken e.V., Frank-
                              .furt 1977.

/32/   Pfanzagl, J.   Allgemeine Methodenlehre der
                              Statistik II. Sammlung
                              Göschen Bd. 7047. Berlin,
                              New York: Walter de Gruyter-
                              Verlag 1974.

/33/   Binder, D.   Mikroprozessoreinsatz bei Fer-
        Jetter, H.   tigungseinrichtungen -
        Wörn, H.   Lösungen zur Steuerung und Be-
                              triebsdatenerfassung.
                              wt - Z. ind. Fertig. 66 (1976)
                              Nr. 9, S. 517...520.

/34/   Stute, G.   Flexibles Fertigungssystem
        Storr, A.   - Aufbau einer Modellanlage.
        Binder, D.   Annals of the CIRP, Vol. 24/1/
        Wilhelm, R.   1975, S. 285...290.

/35/   Stute, G.   Neue Bauelemente für die Steue-
                              rungstechnik.
                              wt - Z. ind. Fertig. 66 (1976)
                              Nr. 12, S. 679...682.

/36/   Stute, G.   Die Entwicklung der Steuerungs-
                              technik unter dem Einfluß der
                              Bauelemente.
                              wt - Z. ind. Fertig. 66 (1976)
                              Nr. 12, S. 683...690.

Formelzeichen und Abkürzungen

Formelzeichen

a	Beschleunigung
a_F	Führungsbeschleunigung
b	Bogen
C	Konstante
d	Durchmesser
$dx,\ dy,\ dz$	Achsabschnitt
D_A	Dämpfung des Antriebs
D_L	Dämpfung des Lageregelkreises
e	Fehler
e'	größtmöglicher Betrag des Fehlers
e_{Ab}	Abbruchfehler
e_b	Berechnungsfehler
e_{bI}	Berechnungsfehler beim Interpolieren
e_{bIAb}	Anteil an e_{bI} infolge Abbruch
e_{bIN}	Anteil an e_{bI} infolge Näherung
e_{bIR}	Anteil an e_{bI} infolge Rundung
e_{bV}	Fehler beim Berechnen der Vorgabedaten
e_{EN}	Eckenabweichung
e_Q	Quantisierungsfehler
e_{QAu}	Fehler infolge Quantisierung der Ausgabedaten
e_{QV}	Fehler infolge Quantisierung der Vorgabedaten
e_r	Radiusfehler
e_r^{*}	Näherung für den Radiusfehler
e_{ra}	Radiusabweichung nach außen
e_{ri}	Radiusabweichung nach innen
e_{Se}	Sehnenfehler
$e_{Ü}$	Überschwingabweichung
E	Eingangssignal
f	Frequenz
f_a	Abtastfrequenz

f_{gL}	Grenzfrequenz des Lageregelkreises
f_{gT}	Bandbreite eines Tiefpasses
f_{ε}	Frequenz, bei welcher das Amplitudenspektrum auf das Maß ε abgefallen ist
$F(x,y)$	Funktion von x und y
F_A	Frequenzgang des Antriebs
F_L	Frequenzgang des Lageregelkreises
F_M	Frequenzgang des Spindel-Schlittensystems
F_R	Frequenzgang des Lagereglers
g	Realteil der Eigenwerte $\lambda_{1,2}$
h	Betrag des Imaginärteils der Eigenwerte $\lambda_{1,2}$
I_{IAEV}	betragslineare Vergleichsregelfläche
I_{ISEV}	quadratische Vergleichsregelfläche
k	Zählvariable
K_V	Geschwindigkeitsverstärkung
l	Stellenzahl
m	ganzzahlige Konstante
n	ganzzahlige Konstante; Drehzahl (in Abschnitt 3.3.3)
o	Aussgangssignal
p	komplexe Variable
$p_{1,2}$	Eigenwerte der Übertragungsfunktion
$P, \bar{P}, P^*$	Bahnpunkt
P_M	Kreismittelpunkt
$\overline{P_oP_n}$	Strecke zwischen den Bahnpunkten P_o und P_n
$\overparen{P_oP_n}$	Bogen zwischen den Bahnpunkten P_o und P_n
q	Anzahl der Weginkremente
r	Radius
r_a	Radius des Umkreises bei gleichmäßig eingepaßtem Polygonzug
RN	gleichverteilte Zufallszahlen
s	Weg; Vorschub (in Abschnitt 3.3.3)
SF	Skalierungsfaktor
t	Zeit

T, T'	Zeitabschnitt
T_a	Abtastperiode
T_A	Antriebszeitkonstante
T_H	Zeitabschnitt zur Beschleunigung
T_{S1}	Zeitabschnitt mit begrenzter Führungsbeschleunigung
T_z	Verfahrzeit-Verlängerung
U_{max}	Vollaussteuerung
U_u	Unempfindlichkeitsschwelle
$ü$	Überschwingweite
v	Geschwindigkeit; Schnittgeschwindigkeit (in Abschnitt 3.3.3)
w	Wegauflösung
x	Koordinate bzw. Koordinatenwert
x^*	Koordinatenwert
$x(t)$	Lageführungsgröße
$\bar{x}(t)$	abgetastete Lageführungsgröße
$\tilde{x}(t)$	Lageführungsgröße am Ausgang des Haltegliedes
$\dot{x}$	erste Ableitung der Lageführungsgröße nach der Zeit
$\ddot{x}$	zweite Ableitung der Lageführungsgröße nach der Zeit
y	Koordinate bzw. Koordinatenwert
y^*	Koordinatenwert
$y(t)$	Lageführungsgröße
z	Koordinate bzw. Koordinatenwert; komplexe Variable $z = e^{pT_a}$ (in Abschnitt 3.4)
β	Winkel
δ, $\bar{\delta}$, δ^*	Winkelschritt
ΔF_x	Änderung des Funktionswertes bei einem Schritt in x-Richtung
ΔF_y	Änderung des Funktionswertes bei einem Schritt in y-Richtung

Δs	Weginkrement
Δt	Zeitabstand zwischen zwei Impulsen
ΔT	Zeitraster
$\Delta x, \Delta y, \Delta z$	Achsinkrement
ε	Vergleichszahl
ζ	Koordinate bzw. Koordinatenwert
η	Koordinate bzw. Koordinatenwert
Θ	Winkel in der komplexen Ebene
$\lambda_{1,2}$	Eigenwerte der charakteristischen Gleichung
ξ	Koordinate bzw. Koordinatenwert
ρ	Betrag der Eigenwerte $\lambda_{1,2}$
σ	Realteil der Eigenwerte $p_{1,2}$
τ	Parameter
φ	Winkel
ω	Kreisfrequenz
ω_{OA}	Kennkreisfrequenz des Antriebs
ω_{OL}	Kennkreisfrequenz des Lageregelkreises
ω_d	Winkelgeschwindigkeit für eine Kreisbewegung
ω_e	Betrag des Imaginärteils der Eigenwerte $p_{1,2}$
ω_{gL}	Grenzkreisfrequenz des Lageregelkreises

<u>mehrfach verwendete Indizes</u>

Abw	Abweichung
B	Bahn .
dyn	dynamisch bedingt
ist	Istwert
max	Maximalwert
min	Minimalwert
soll	Sollwert
V	verschoben
zul	zulässig

Abkürzungen

BDE	Betriebsdatenerfassung
CNC	computerized numerical control
DE	Dateneingang
DFB	Direkte Funktionsberechnung
DDA	digital differential analyzer
DVA	Datenverarbeitungsanlage
HR	Hardwarerest
lin	linear
MPST	Mehrprozessor-Steuersystem
NC	numerische Steuerung (numerical control)
par	parabolisch
P-Regler	Proportionalregler
PC	programmierbare Steuerung (programmable controller)
PI-Regler	Proportional-/Integralregler
PRM	pulse rate multiply
RFB	rekursive Funktionsberechnung
SSV	Suchschrittverfahren
TE	Takteingang
VZ1	Verzögerungsglied erster Ordnung
VZ1-Antrieb	Antrieb, der sich wie ein Verzögerungsglied erster Ordnung verhält
VZ2	Verzögerungsglied zweiter Ordnung
VZ2-Antrieb	Antrieb, der sich wie ein Verzögerungsglied zweiter Ordnung verhält
WZM	Werkzeugmaschine
zirk	zirkular

1   Einleitung

Mit der fortschreitenden Automatisierung der Kleinserien-
und Einzelfertigung wächst die Bedeutung der numerischen
Steuerung (NC). Eine Ursache dafür ist der steigende Anteil
herkömmlicher NC-Werkzeugmaschinen an der gesamten Werk-
zeugmaschinenproduktion. Darüber hinaus hat sich der Anwendungsbereich numerischer Steuerungen erweitert auf einfachere, bisher handbediente Werkzeugmaschinen sowie auf
Einrichtungen für den Transport, die Handhabung und das
Prüfen von Werkstücken.

Die technische Weiterentwicklung der Halbleiterbauelemente
eröffnet neue Lösungsmöglichkeiten für die numerische Steuerung bis hin zu neuen Steuerungsstrukturen. Anstelle der
konventionellen NC, deren Steuerfunktionen durch Verdrahtung festgelegt sind, werden verstärkt numerische Steuerungen eingesetzt, die auf der Basis eines Rechners aufgebaut sind (CNC, computerized numerical control) /1/. Es
ist also ein Übergang von verbindungsprogrammierten zu
speicherprogrammierten Ausführungen zu verzeichnen /2/.
Neben der erhöhten Leistungsfähigkeit – mehr Steuer- und
Überwachungsfunktionen – und der besseren Flexibilität –
Anpassung an spezielle Aufgaben und Erweiterung durch
Programmierung –, die zunächst Triebfedern für die Entwicklung der CNC waren, bieten speicherprogrammierte numerische Steuerungen heute zum Teil erhebliche Kostenvorteile.

Der Übergang von der konventionellen NC zur CNC erfordert
für Aufgaben, die in festverdrahteten Ausführungen bereits
gelöst waren, neue Lösungsprinzipien, die auf die Ausführung
durch Rechnerprogramme zugeschnitten sind. Dies gilt insbesondere deshalb, weil voneinander unabhängige Baugruppen,
in denen die einzelnen durch Verdrahtung festgelegten Steuerfunktionen parallel ablaufen, durch seriell vom Prozessor
der CNC abzuarbeitende Programmbausteine ersetzt werden.

In numerischen Bahnsteuerungen stellt die Lagesollwertbildung eine Aufgabe dar, zu deren Lösung einerseits numerische Verfahren heranzuziehen sind, andererseits jedoch nur eine Ausführungszeit im Millisekundenbereich zur Verfügung steht. Hier sind rechnergerechte Verfahren deshalb besonders wichtig.

Ziel der vorliegenden Arbeit ist es, die mit der Lagesollwertbildung zusammenhängenden Teilaufgaben sowie die beim Lösen dieser Teilaufgaben einzuhaltenden Anforderungen darzustellen, rechnergerechte Lösungswege zu erarbeiten und miteinander zu vergleichen sowie Auswahl- und Dimensionierungshinweise zu geben.

2 Steuerdatenverarbeitung bei numerisch bahngesteuerten Werkzeugmaschinen

Die Steuerdatenverarbeitung bei numerisch bahngesteuerten Werkzeugmaschinen kann in einzelne Funktionsblöcke aufge-teilt werden. Von diesen soll vor allem die Aufgabe "Lage-führungsgrößenerzeugung" und ihre Einordnung innerhalb der Steuerdatenverarbeitung vorgestellt werden.

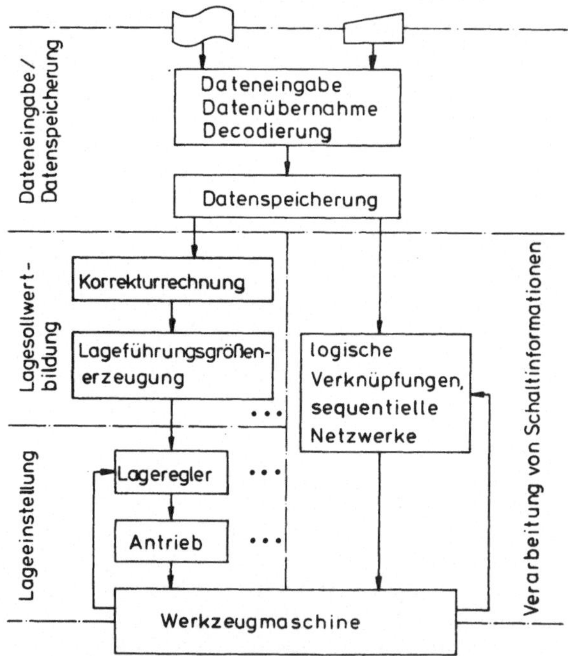

Bild 2.1: Steuerdatenverarbeitung bei numerisch bahngesteuerten Werkzeugmaschinen.

Bild 2.1 zeigt die vier Hauptgruppen der Steuerdatenverar-beitung bei numerisch·bahngesteuerten Werkzeugmaschinen. Auf die Dateneingabe und Datenspeicherung folgt die ge-trennte Verarbeitung der Steuerdaten, welche die zu er-zeugende Bahn bzw. die auszuführenden Schaltfunktionen an-geben. Hier werden einerseits Lagesollwertbildung und Lage-einstellung und andererseits das Verarbeiten von Schalt-funktionen unterschieden.

Dateneingabe und -speicherung, Lagesollwertbildung und ein
Teil der Lageeinstellung - nämlich der Lageregler - sind
als Teile der numerischen Steuerung realisiert. Schaltfunktionen werden von der Funktions- und Anpaßsteuerung verarbeitet, die bisher meist als getrenntes Gerät ausgeführt
ist.

2.1   Dateneingabe und Datenspeicherung

Bei numerischen Steuerungen ist zwischen Eingaben zur Bedienung und der Eingabe numerischer Daten zu unterscheiden.
Bedienungseingaben dienen der Programm-Modifikation und der
Beeinflussung des Programmablaufs, sie sind von Hand einzu-
geben. Numerische Daten können dagegen von einem Datenträ-
ger eingelesen oder von Handeingabeelementen übernommen
werden. Sie werden decodiert und abgespeichert.

Der Aufbau von NC-Programmen ist in DIN 66025 festgelegt.
Neue Funktionen der numerischen Steuerung, wie z.B. Unter-
programmtechnik für Steuerdaten, werden in den erwähnten
Programmaufbau eingefügt, wobei allenfalls Erweiterungen
von DIN 66025 verwendet werden. Bei reinen Handeingabe-
steuerungen sind jedoch auch Lösungen zu sehen, bei denen
eine auf die Anwendung zugeschnittene Bedienung im Vordergrund steht und vom genormten Programmaufbau völlig ab-
gegangen wird /31/.

Je nach Ausführungsform umfaßt der Datenspeicher einen
oder mehrere Sätze des NC-Programms; in neuen Steuerungen
ist er vielfach bis zur Aufnahme ganzer NC-Programme aus-
gebaut worden.

Aus dem Datenspeicher werden die einzelnen Steueranweisungen
eines NC-Satzes - soweit sie nicht rein organisatorische
Anweisungen sind -, den Funktionsgruppen "Lagesollwertbildung" bzw. "Verarbeitung von Schaltinformationen" zeitge-
recht zur Ausführung übergeben.

2.2   Lagesollwertbildung

Zur Lagesollwertbildung gehört das Ausführen von Korrekturrechnungen und das Erzeugen der Führungsgrößen für die Lageregelkreise der einzelnen Maschinenachsen. Ausgehend von den
abgespeicherten Steuerdaten sind zunächst - i. a. satzweise -
Korrekturrechnungen durchzuführen, bevor aus den korrigierten
Steuerdaten die Lageführungsgrößen erzeugt werden.

2.2.1 Korrekturrechnungen

Die Funktionsgruppe "Korrekturrechnungen" umfaßt alle Aufgaben, die ein Umrechnen der abgespeicherten Geometriedaten
aufgrund von Hand eingegebener oder während der Bearbeitung gewonnener Daten erfordern. Sie dient der vereinfach-
ten Erstellung von NC-Programmen, einer besseren Handhabung
der NC-gesteuerten Werkzeugmaschine und der Kompensation
von Maschinenfehlern zur Erhöhung der Arbeitsgenauigkeit.

Zweck / Aufgabe	vereinfachte Programmierung	bessere Handhabung	bessere Arbeits- genauigkeit	Anwendung
Nullpunktverschiebung	x	x	-	NC,CNC
Spiegelung	x	-	-	(NC,CNC)
Maßstabsveränderung	• x	-	-	(CNC)
Werkzeugkorrektur	x	x	-	NC,CNC
Kompensation				
- des Schlittenspiels	-	-	x	NC,CNC
- des Spindelsteigungs- fehlers	-	-	x	CNC
- der Temperaturdrift	-	-	x	(CNC)

Bild 2.2: Korrekturrechnungen in numerischen Bahnsteuerungen.

Bild 2.2 zeigt die wichtigen Einzelaufgaben der Funktionsgruppe "Korrekturrechnungen". Im Bild ist angegeben, wel-

che der Einzelaufgaben eine vereinfachte Programmierung,
eine bessere Handhabung der Fertigungseinrichtung oder eine
erhöhte Arbeitsgenauigkeit erlauben. Nullpunktverschiebung,
Werkzeugkorrektur und in letzter Zeit auch die Kompensation
des Schlittenspiels (siehe Abschnitt 3.2.3) sind in vielen
numerischen Steuerungen anzutreffen. Spiegelung, Maßstabs-
veränderung und die Kompensation von Temperatureinflüssen
auf die Geometrie sind von untergeordneter Bedeutung. Die
Kompensierung des Steigungsfehlers der Vorschubspindeln ge-
winnt immer stärkere Bedeutung, insbesondere im Zusammenhang mit CNC-Steuerungen. Einmaliges Ausmessen der Spindel
und Eingabe von Korrekturwerten für einzelne Abschnitte des
Verfahrbereichs der Maschinenschlitten ermöglichen erhöhte
Genauigkeit oder die Verwendung billigerer Spindeln.

2.2.2 Erzeugen der Lageführungsgrößen

Numerische Bahnsteuerungen müssen für die aufeinanderfolgen-
den Verfahrabschnitte, die jeweils durch einen Satz des
NC-Programms beschrieben werden, die Führungsgrößen für
die Lageregelkreise der einzelnen Vorschubeinheiten erzeugen. Unter dem Begriff "Vorschubeinheit" sind hier Antrieb
und Maschinenschlitten zusammengefaßt. Die Werkzeugein-
griffstelle soll eine durch die Steuerdaten vorgeschrie-
bene Bahn auf dem Werkstück mit der programmierten Bahngeschwindigkeit durchlaufen. Zur Veranschaulichung kann man
sich für eine Maschine mit zwei oder drei translatorischen,
rechtwinklig zueinander angeordneten Vorschubeinheiten vor-
stellen, daß laufend die Koordinatenwerte eines Punktes
als Führungsgrößen für die Lageregelkreise auszugeben sind,
wobei dieser Punkt die Bahn mit der programmierten Bahngeschwindigkeit durchläuft. Als Sollwerte für die Achsgeschwindigkeiten treten dabei die jeweiligen Komponenten der
Bahngeschwindigkeit auf.

Maximaler Verfahrweg und kleinstes vom Wegmeßsystem erfaß-
bares Weginkrement stehen bei Werkzeugmaschinen im Verhältnis von 10^5 bis 10^7. Aufgrund dieses großen Bereichs für
Lagesollwerte können die Führungsgrößen der Lageregelkreise
einer numerisch gesteuerten Werkzeugmasehine nur mit numerischen Verfahren erzeugt werden /4/. Die Quantisierung
führt zu einem stufenförmigen Verlauf bei der Darstellung
der Lageführungsgrößen im Zeitbereich.

Das Berechnen von Punkten zwischen den Stützpunkten einer
punktweise vorgegebenen Funktion nach einer festliegenden
Rechenregel wird allgemein als "Interpolation" bezeichnet
/30/. Bei numerischen Bahnsteuerungen ist die erwünschte
Bahn durch Stützpunkte beschrieben. Die zugehörige Rechenregel wird nach DIN 66025 durch Angabe der Interpolationsart (vergleiche 4.2) in Form einer Wegbedingung programmiert.
Um Lageführungsgrößen zu erzeugen, ist nicht nur zu interpolieren (im Sinne von "Zwischenpunkte berechnen"), darüber hinaus muß auch die programmierte Bahngeschwindigkeit
erzielt werden.

In konventionellen numerischen Bahnsteuerungen werden Bahngeschwindigkeit und Geometrie in getrennten Einrichtungen
erzeugt (Bild 2.3). Durch zeitgerechtes Auslösen der einzelnen Interpolationszyklen läßt sich die programmierte
Bahngeschwindigkeit einstellen.

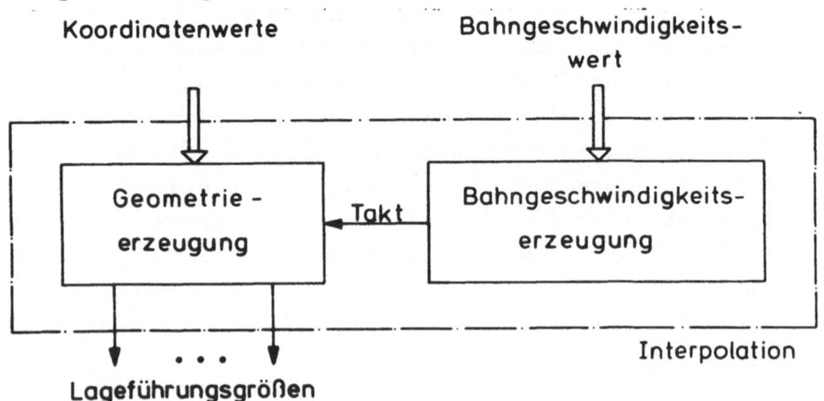

Bild 2.3: Interpolation in numerischen Bahnsteuerungen.

Üblicherweise bezeichnet man in der NC-Technik mit Interpolation Geometrie- und Bahngeschwindigkeitserzeugung zusammen /3, 4, 5/. In der vorliegenden Arbeit wird der Begriff Interpolation in diesem Sinn verwendet.

Bei der Lageführungsgrößenerzeugung sind auch vorgegebene Anfahr- und Bremskennlinien einzuhalten. Diese Funktion dient einerseits dazu, Antrieb und Übertragungselemente der Vorschubeinheit weniger zu beanspruchen und andererseits die Bahntreue zu erhöhen /11/. In Abschnitt 3.2.2.5 wird näher darauf eingegangen.

2.3 Lageeinstellung

Die Lage der Vorschubeinheiten einer Maschine kann durch Steuern oder durch Regeln eingestellt werden. Schrittmotorantriebe dienen zur gesteuerten Lageeinstellung, stetige Antriebe zusammen mit Lagemeßsystemen zur geregelten.

Lageführungsgrößen für Schrittmotorantriebe sind inkremental, d. h. in Form einer Impulsfolge vorzugeben. Ein bestimmter, antriebsabhängiger Wert für die Änderung der Frequenz der Impulsfolge darf nicht überschritten werden. Dies macht eine besondere Glättungseinrichtung erforderlich /6/.

Bei Lageregelung (<u>Bild 2.4</u>) wird die Differenz zwischen Lage-Istwert x_{ist} und Lageführungsgröße x_{soll}, die Lageregelabweichung x_{Abw}, dem Lageregler zugeführt. Lageregler weisen bisher fast ausschließlich reines Proportionalverhalten auf (P-Regler). Die Stellgröße v_{soll} am Ausgang des Lagereglers dient als Sollwert für den stetigen Antrieb, der i.a. einen unterlagerten Geschwindigkeitsregelkreis enthält. Durch Integration entsteht aus der Ausgangsgröße des Antriebs - der Geschwindigkeit v_{ist} - die Regelgröße als Lage-Istwert x_{ist} der betreffenden Vorschubeinheit.

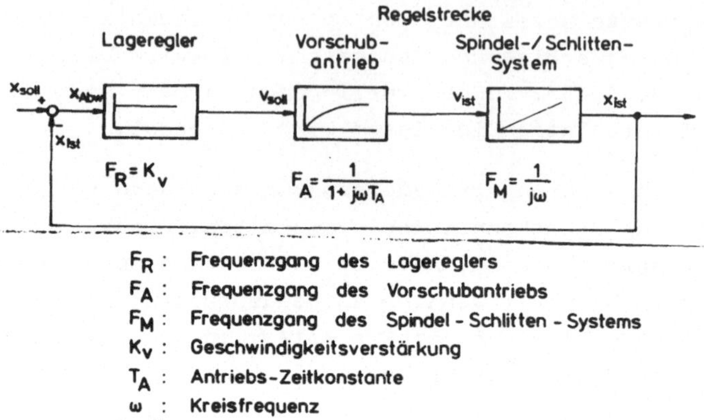

F_R : Frequenzgang des Lagereglers
F_A : Frequenzgang des Vorschubantriebs
F_M : Frequenzgang des Spindel - Schlitten - Systems
K_v : Geschwindigkeitsverstärkung
T_A : Antriebs-Zeitkonstante
ω : Kreisfrequenz

Bild 2.4: Lageregelkreis.

Die Bahn ergibt sich als Relativbewegung zwischen Werkzeug und Werkstück durch Überlagerung der jeweiligen Lage-
Istwerte der einzelnen Vorschubeinheiten.

Schrittmotore sind hinsichtlich Drehzahlbereich und maximalem Drehmoment stärker beschränkt als die Motoren ste-
tiger Antriebe und verlieren deshalb laufend an Bedeutung
als Vorschubantriebe für Werkzeugmaschinen. In den folgenden Abschnitten werden aus diesem Grund nur letztere
betrachtet.

2.4 Verarbeitung von Schaltinformationen

Schaltinformationen werden getrennt von den geometrischen
Steuerdaten verarbeitet. Abgesehen von einigen Verriege-
lungsbedingungen besteht keine gegenseitige Beeinflussung.
Zur Synchronisierung der beiden Zweige zur Steuerdatenverarbeitung läßt sich ein einfaches Quittierungsprinzip an-
wenden /7/.

Aufgaben der Lagesollwertbildung setzen keine weiteren
Kenntnisse über die Verarbeitung von Schaltinformationen
voraus.

3 Anforderungen an die Lageführungsgrößenerzeugung und die Lageeinstellung

Die Grundforderung an die Erzeugung von Lageführungsgrößen und an die Lageeinstellung läßt sich aus der Aufgabe
einer numerisch bahngesteuerten Werkzeugmaschine ableiten;
es ist eine Relativbewegung zwischen Werkzeug und Werkstück
zu erzeugen, die einer numerisch vorgegebenen Bahn mit aus-
reichender Genauigkeit entspricht.

Die Anforderungen, die von Einrichtungen zur Erzeugung der
Führungsgrößen für die Lageregelkreise bzw. zur Lageeinstellung zu erfüllen sind, werden einerseits durch die
zu fertigenden Werkstücke und andererseits durch die Werkzeugmaschine bestimmt. Bild 3.1 zeigt drei Gruppen von
Randbedingungen, charakterisiert durch die Werkstückgeometrie, die Vorschubeinheiten der Werkzeugmaschine und die
Kinematik beim Bearbeiten der Werkstücke.

In den folgenden Abschnitten werden die Anforderungen für
einen Antrieb, der sich wie ein Verzögerungsglied erster
Ordnung verhält (VZ1-Antrieb), beschrieben. Bei den Untersuchungen zur Wahl der Abtastfrequenzen in Abschnitt 3.4
sind darüber hinaus auch Antriebe mit dem Verhalten eines
Verzögerungsgliedes zweiter Ordnung berücksichtigt.

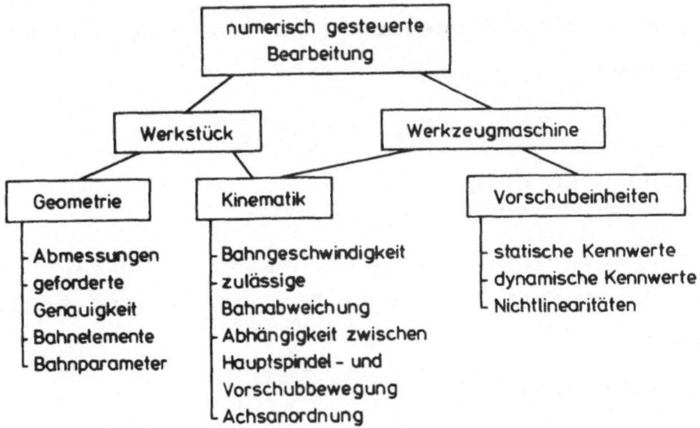

Bild 3.1: Randbedingungen zur Erzeugung der Lageführungsgrößen und zur Lageeinstellung.

3.1 Anforderungen aufgrund der Werkstückgeometrie

In der Praxis werden Werkzeugmaschine und numerische Steuerung so gewählt, daß ein vorgegebenes Werkstückspektrum wirtschaftlich gefertigt werden kann. Die von der Werkstückgeometrie herrührenden Randbedingungen wie Abmessungen, geforderte Genauigkeit, Bahnelemente (z.B. Gerade, Kreisbogen usw.) und Bahnparameter (z.B. Bahnlänge, Radius, usw.) legen Mindestforderungen für den Interpolationsbereich, die Bahntreue sowie die erforderlichen Interpolationsarten und Wertebereiche der Parameter fest. Bahnelemente und Bahnparameter ergeben sich entweder direkt aus der Werkstückkontur oder aus der Approximation der Kontur durch geometrisch einfach zu beschreibende Bahnelemente.

3.2 Anforderungen infolge von Eigenschaften der Vorschubeinheiten

Die durch die Vorschubeinheiten bestimmten Randbedingungen zur Bildung von Lageführungsgrößen und zur Lageeinstellung stellen die wichtigste der drei Gruppen in **Bild 3.1** dar.

Es ist zu unterscheiden zwischen statischen und dynamischen Kennwerten der Vorschubeinheiten sowie dem Einfluß von Nichtlinearitäten.

3.2.1 Statische Kennwerte

Statische Kennwerte der Vorschubeinheiten beschreiben die Grenzen des stationären Betriebs. Die wichtigsten statischen Kennwerte sind:

—— Verfahrbereich

—— Geschwindigkeitsbereich

—— Stellbereich des Antriebs.

Der Verfahrbereich der einzelnen Maschinenschlitten begrenzt den Arbeitsraum der Werkzeugmaschine. Er bestimmt den Bereich der Achskoordinatenwerte, bei Verwendung absoluter Wegmeßsysteme auch den erforderlichen Meßbereich.

Wie unten gezeigt wird, vergrößern immer höhere Anforderungen an die Auflösung der Wegmeßsysteme und immer höhere Vorschubgeschwindigkeiten auch die Anforderungen an den Stellbereich der Antriebe.

Vom Lageregelkreis einer numerisch gesteuerten Werkzeugmaschine wird gefordert, daß er einerseits eine Lageregelabweichung von einem Weginkrement w noch ausregelt und andererseits bis zur maximalen Bearbeitungsgeschwindigkeit konstante Geschwindigkeitsverstärkung K_v aufweist, die außerdem noch in allen Achsen gleich sein soll. Der Stellbereich des Antriebs, gegeben als das Verhältnis von Vollaussteuerung U_{max} zu Unempfindlichkeitsschwelle U_u, muß demgemäß mindestens so groß sein wie das Verhältnis von maximaler Lageregelabweichung $x_{Abw\ max}$ zu kleinstem Weginkrement w:

$$U_{max} : U_u \geq x_{Abw\ max} : w$$

$$\text{mit} \quad x_{Abw\ max} = v_{max}\ \frac{1}{K_v}\ .$$

Zahlenbeispiel:

Für $\quad w = 1\ \mu m, \quad v_{max} = 6\ \frac{m}{min}$ und $K_v = 20\ \frac{1}{s}$

wird $\quad x_{Abw\ max} = 5$ mm und $x_{Abw\ max} : w = 5000 : 1$

Der Antrieb muß für dieses Beispiel einen Stellbereich von mindestens 5000 : 1 aufweisen. Häufig entspricht eine Eingangsspannung von 10 V der Vollaussteuerung des Antriebs. Die Unempfindlichkeitsschwelle, die auch bei einem realen Regler mit PI-Verhalten nicht vermieden wer-

den kann, muß hier kleiner als 10 V : 5000 = 2 mV sein.
Heute verfügbare Antriebe mit Thyristorverstärker bieten
einen Stellbereich bis zu 10 000 : 1 = 10^4.

3.2.2 Dynamische Kennwerte

Für einen Regelkreis mit gegebener Struktur beschreiben
dynamische Kennwerte das Zeitverhalten während des Über-
gangs von einem stationären Zustand zum anderen, im vorliegenden Fall während der Beschleunigungsphasen. Das Zeitverhalten eines VZ1-Antriebs läßt sich durch die Antriebs-
zeitkonstante T_A charakterisieren /8/. Für den zugehörigen
Lageregelkreis mit Proportionalregler und der Geschwindigkeitsverstärkung K_v, der das Zeitverhalten eines Verzögerungsgliedes zweiter Ordnung aufweist, sind die dynamischen
Kennwerte

— Kennkreisfrequenz $\quad \omega_{0L}$

— Dämpfungsgrad $\quad D_L$

— Grenzkreisfrequenz $\quad \omega_{gL}$

Hilfsmittel zur Beschreibung des dynamischen Verhaltens
eines Lageregelkreises sind die Darstellung durch Frequenzgang und Übergangsfunktion.
Bild 3.2 zeigt die Struktur eines Lageregelkreises, die
Gleichung des Frequenzganges und die Darstellung des
Amplitudenganges sowie der Übergangsfunktion. Als Kenngrößen treten in der Frequenzganggleichung die Kennkreisfrequenz ω_{0L} und der Dämpfungsgrad D_L des Lageregelkreises
auf. Die Grenzkreisfrequenz ω_{gL} des Lageregelkreises, bei
welcher der Amplitudengang auf den Wert $\frac{1}{\sqrt{2}}$ abgefallen ist
(3 dB-Abfall), und die Überschwingweite ü der Übergangsfunktion sind weitere Kenngrößen für das dynamische Verhalten eines Lageregelkreises nach Bild 3.2.

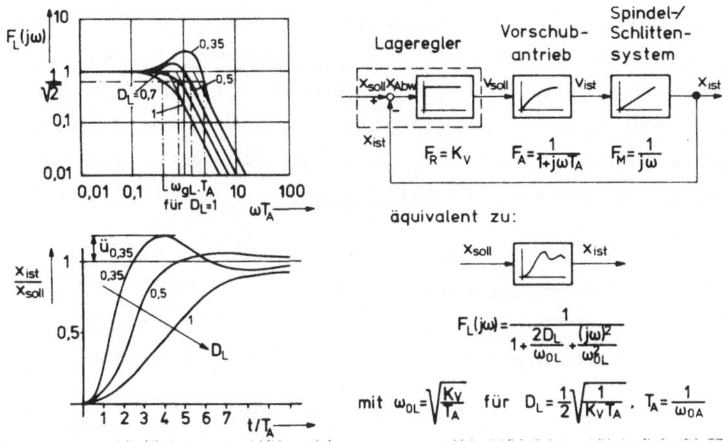

$$F_L(j\omega) = \frac{1}{1 + \dfrac{2D_L}{\omega_{OL}} + \dfrac{(j\omega)^2}{\omega_{OL}^2}}$$

$$\text{mit } \omega_{OL} = \sqrt{\frac{K_V}{T_A}} \quad \text{für } D_L = \frac{1}{2}\sqrt{\frac{1}{K_V T_A}} \cdot \quad T_A = \frac{1}{\omega_{OA}}$$

Bild 3.2: Beschreibung des dynamischen Verhaltens
eines Lageregelkreises /8/.

In __Bild 3.2__ ist auch der Zusammenhang angegeben zwischen
den dynamischen Kennwerten des Lageregelkreises (ω_{OL}, D_L)
und der Geschwindigkeitsverstärkung K_V sowie der Antriebs-
zeitkonstanten T_A als den Parametern des Lageregelkreises.
Bei gegebener Antriebszeitkonstante T_A kann zwar durch
Einstellen einer hohen Geschwindigkeitsverstärkung K_V eine
hohe Grenzkreisfrequenz ω_{gL} des Lageregelkreises erreicht
werden, gleichzeitig ergibt sich jedoch eine große Überschwingweite ü infolge des geringen Dämpfungsgrades D_L.
Da die Eingangssignale des Lageregelkreises einerseits
durch starke Abschwächung der Frequenzanteile oberhalb der
Grenzkreisfrequenz und andererseits durch zunehmendes
Überschwingen bei fallendem Dämpfungsgrad verzerrt werden,
ist beim Einstellen der Lageregelkreisparameter ein Kompromiß zwischen hoher Grenzkreisfrequenz und hohem Dämpfungsgrad anzustreben, um geringe Signalverzerrung zu erhalten.

Aus der Grundforderung an den Lageregelkreis einer Werkzeugmaschine, die Lagesollwertsignale $x_{soll}(t)$, $y_{soll}(t)$,...
möglichst verzerrungsfrei in Bewegungen der Vorschubeinheiten umzusetzen, wurden in /9/ spezielle Optimierkriterien
abgeleitet. Sie unterscheiden sich von den aus der Regelungs-

technik bekannten Integralkriterien dadurch, daß nicht
ideale, sondern lediglich verzerrungsfreie Signalübertragung durch den Lageregelkreis angestrebt wird. Dies bedeutet, daß eine beliebige jedoch konstante und in allen
Achsen gleiche Laufzeit t_1 zwischen Eingangs- und Ausgangs-
signal zugelassen wird (Bild 3.3).

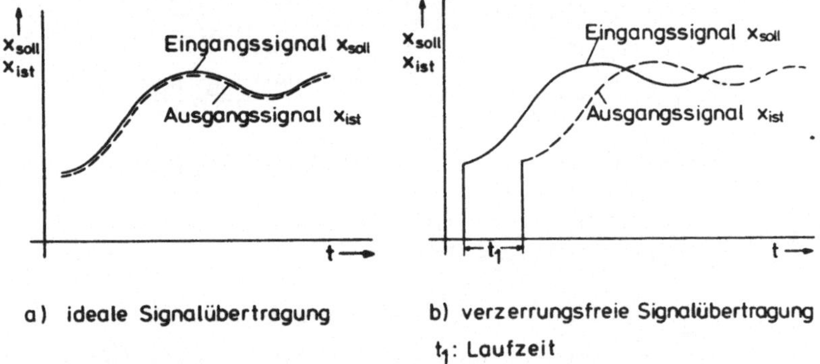

Bild 3.3: Ideale und verzerrungsfreie Signalübertragung /9/.

Während bei den bekannten Integralkriterien die Abweichung
zwischen Soll- und Istsignal zugrunde gelegt wird
($x_{Abw} = x_{ist} - x_{soll}$), betrachtet man nach /9/ die Abweichung zwischen dem um die Laufzeit t_1 verschobenen Sollsig-
nal und dem Istsignal ($x_{VAbw} = x_{ist} - x_{Vsoll}$). Bild 3.4
zeigt für eine Anstiegsfunktion als Sollwert die Regelabweichung x_{Abw} und die Vergleichsregelabweichung x_{VAbw}.

In /9/ werden für die Sprungfunktion und die Anstiegsfunktion als Testsignal aus der Vergleichsregelabweichung durch
Integration die betragslineare und die quadratische Ver-
gleichsregelflächen I_{IAEV} und I_{ISEV} berechnet (Bild 3.5).
Als unabhängige Variable tritt die auf die Kennkreisfrequenz des Antriebs bezogene Geschwindigkeitsverstärkung
$\frac{K_v}{\omega_{OA}}$ auf, welche die Einstellung eines Lageregelkreises mit
einem VZ1-Antrieb charakterisiert. Bei vorgegebenem $\omega_{OA} = \frac{1}{T_A}$

kann ein optimaler Wert für die Geschwindigkeitsverstärkung K_V ermittelt werden, für den die Vergleichsregelfläche und damit die Signalverzerrung im Lageregelkreis minimal ist.

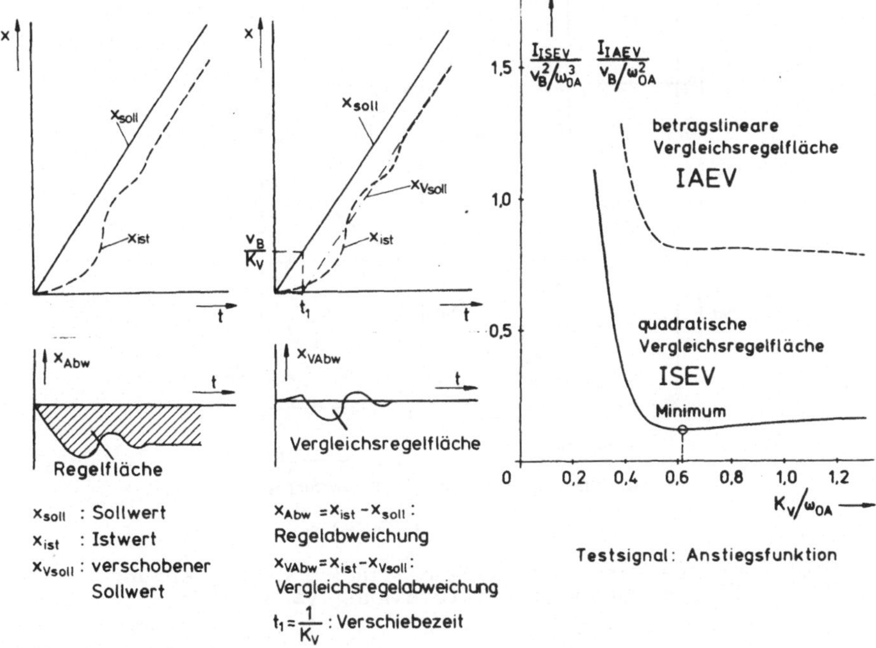

x_{soll} : Sollwert
x_{ist} : Istwert
x_{Vsoll} : verschobener Sollwert

$x_{Abw} = x_{ist} - x_{soll}$: Regelabweichung
$x_{VAbw} = x_{ist} - x_{Vsoll}$: Vergleichsregelabweichung
$t_1 = \dfrac{1}{K_V}$: Verschiebezeit

Bild 3.4: Regelabweichung und Vergleichsregelabweichung.

Bild 3.5: Betragslineare und quadratische Vergleichsregelfläche /9/.

Signalverzerrungen im Lageregelkreis lassen sich durch Anpassen des Frequenzspektrums der Lageführungsgrößen an das übertragbare Frequenzspektrum verringern. Eine Lösung, die auch den kinematischen Anforderungen gerecht wird (d. h. Verringerung der Bahnabweichungen, vergleiche 3.3) und außerdem die Auswirkung bestimmter Nichtlinearitäten verhindern kann (vergleiche 3.2.3), besteht in der Beschränkung der zweiten Ableitung der Lageführungsgrößen, im folgenden als Führungsbeschleunigung a_F bezeichnet. **Bild 3.6** zeigt einen Positioniervorgang in einer Achse ohne und mit Begrenzung der Führungsbeschleunigung.

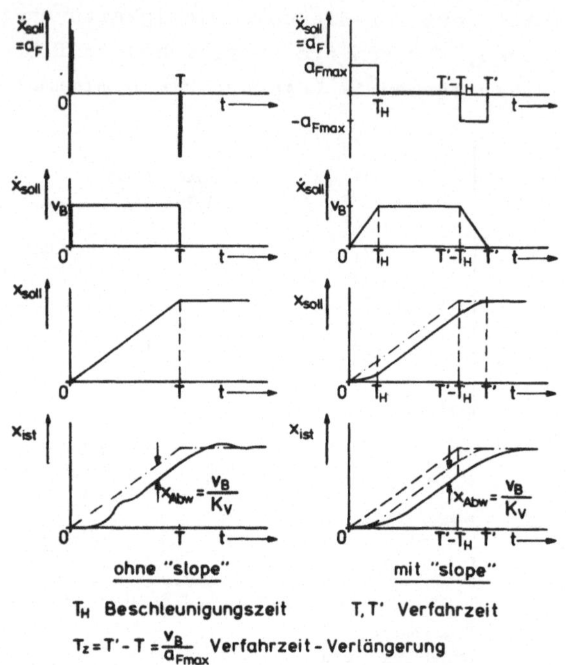

Bild 3.6: Positioniervorgang mit und ohne Begrenzung
der Führungsbeschleunigung (slope).

Aus dem Diagramm in **Bild 3.7** läßt sich die Verringerung
der quadratischen Vergleichsregelfläche für verschiedene
Werte der Führungsbeschleunigung ablesen /8/.

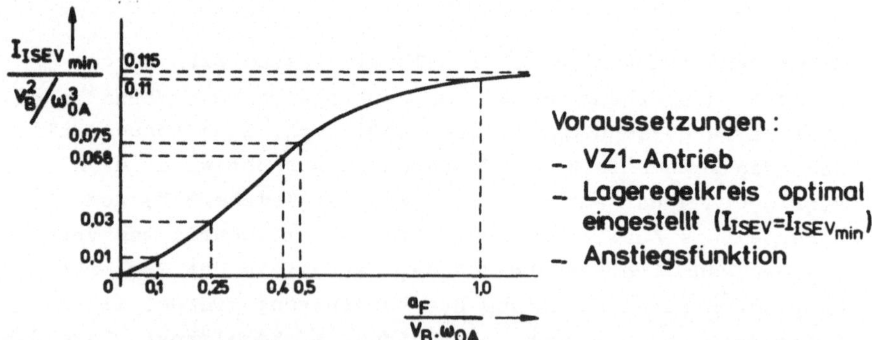

Bild 3.7: Auswirkung der Begrenzung der Führungsbeschleunigung auf die quadratische Vergleichsregelfläche /8/.

3.2.3 Nichtlinearitäten

Die Lageregelkreise numerisch gesteuerter Werkzeugmaschinen weisen Nichtlinearitäten auf, die zu zusätzlichen Lageregelabweichungen führen. Als die wichtigsten Nichtlinearitäten, deren Auswirkung auf die Lageregelabweichung vermindert oder verhindert werden können, werden betrachtet

— Umkehrspanne

— Beschleunigungsbegrenzung

— veränderliche Geschwindigkeitsverstärkung.

Wenn eine Vorschubeinheit mit indirekter Wegmessung arbeitet, tritt bei Richtungsumkehr eine bleibende Lageabweichung auf, die als Umkehrspanne bekannt ist. Eine der Ursachen dafür ist das bei Richtungsumkehr wirksame Spiel innerhalb der Vorschubeinheit, das hier als Schlittenspiel bezeichnet wird.

Um die Auswirkung des Schlittenspiels weitgehend zu kompensieren, müssen die Lageführungsgrößen bei Richtungsumkehr um einen entsprechenden Betrag korrigiert werden. Das Schlittenspiel ist über dem Verfahrweg einer Vorschubeinheit nicht konstant; darüber hinaus ändert es sich im Laufe der Zeit. Deshalb kann es nur teilweise statisch kompensiert werden. Dynamisch bleibt es voll wirksam.

Beschleunigungsbegrenzung im Lageregelkreis entsteht einerseits wenn die Aussteuergrenze des Antriebs erreicht wird, und andererseits durch Einrichtungen, die zum Schutz des Antriebs in den Lageregelkreis eingebaut werden. So wird bei Gleichstrom-Servomotoren eine drehzahlabhängige Strombegrenzung vorgesehen, um ein Überschreiten der Kommutierungsgrenzkurve oder der Drehmomentengrenzkurve zu verhindern.

In /10/ wird gezeigt, daß die Beschleunigungsbegrenzung nicht nur Signalverzerrungen, sondern bei zu starker Begrenzung sogar Instabilität des Lageregelkreises zur Folge haben kann. Instabilität tritt ein, wenn die Beschleunigung auf einen Wert begrenzt wird, der weniger als 70 % der im unbegrenzten Fall auftretenden Beschleunigung beträgt. Verzerrungen durch Beschleunigungsbegrenzung lassen sich vermeiden durch Vorgabe von Lageführungsgrößen, deren Führungsbeschleunigung a_F so begrenzt ist, daß die Beschleunigungsgrenze im Lageregelkreis nicht erreicht wird. In <u>Bild 3.8</u> ist die Auswirkung der Begrenzung der Führungsbeschleunigung auf die maximale im Lageregelkreis auftretende Istbeschleunigung a_{ist} dargestellt /11/.

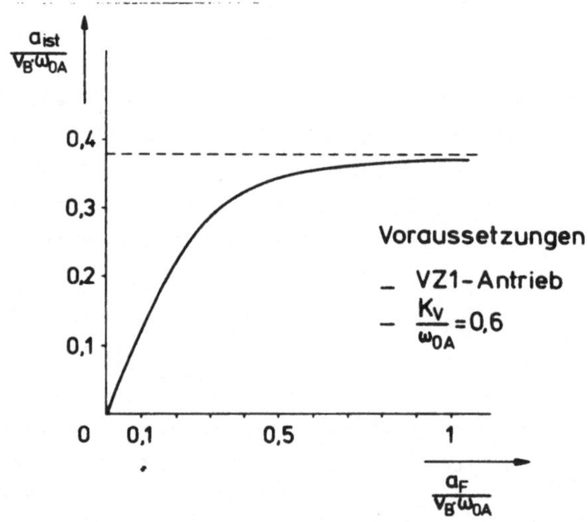

<u>Bild 3.8:</u> Auswirkung der Begrenzung der Führungsbeschleunigung auf die maximale Istbeschleunigung /8/.

Veränderliche Geschwindigkeitsverstärkung führt zu Bahnverzerrungen (vergl. 3.3.2). In der Praxis reduziert man gezielt die Geschwindigkeitsverstärkung bei Geschwindigkeiten, die größer sind als die maximale Bearbeitungsgeschwindigkeit. Diese Maßnahme wird begründet mit der damit verbundenen Reduzierung der maximalen Beschleunigung im Lageregelkreis (siehe oben) und mit dem Ziel, auch im Eilgangbereich überschwingungsfreies Positionieren zu erreichen /10/.

Mit Hilfe der oben eingeführten Begrenzung der Führungsbeschleunigung kann die Reduzierung der Geschwindigkeitsverstärkung ersetzt werden. Dabei wird die maximale Lageregelabweichung bei Eilganggeschwindigkeit aufgrund der höheren Geschwindigkeitsverstärkung verringert, womit sich der Aufwand für den Lagevergleicher, den Lageregler und die Anforderungen an den Stellbereich des Antriebs reduzieren.

3.3   Kinematische Anforderungen

Die dritte Gruppe von Randbedingungen zur Lageführungsgrößenerzeugung und zur Lageeinstellung ergibt sich aus dem Zusammenwirken mehrerer Achsen bei der Werkstückbearbeitung (Bild 3.1). Durch Überlagerung der Bewegung der einzelnen Vorschubeinheiten entsteht eine Bahn als Relativbewegung zwischen Werkzeug und Werkstück. Diese Bahn zu erzeugen ist das eigentliche Ziel der Anwendung numerischer Bahnsteuerungen. Der geforderte Bereich für die Bahngeschwindigkeit, die zulässige Bahnabweichung und zusätzliche Forderungen, die sich aus der Abhängigkeit zwischen Hauptspindel- und Vorschubbewegung oder aus der Anordnung der Werkzeugmaschinenachsen ergeben, sind die wesentlichen Kriterien, die zu erfüllen sind.

3.3.1 Bahngeschwindigkeit

Minimale und maximale Bahngeschwindigkeit sind Grenzwerte beim Dimensionieren der Einrichtungen zur Bildung von Lageführungsgrößen und zur Lageeinstellung. Im allgemeinen legt die maximale Bahngeschwindigkeit die zu fordernde größte Achsgeschwindigkeit fest, während die minimale Achsgeschwindigkeit noch unter der minimalen Bahngeschwindigkeit liegt.

3.3.2 Bahnabweichungen

Lageregelabweichung und Bahnabweichung

Die auftretende Bahnabweichung entsteht nicht direkt durch
die Abweichungen zwischen Lagesoll- und Lage-Istwert der
einzelnen Vorschubeinheiten, sondern erst durch deren Überlagerung. Für das Fahren von Geraden ist bekannt, daß
sich bei linearen Lageregelkreisen mit gleichem Übertragungsverhalten im stationären Fall die Lageregelabweichungen
so überlagern, daß sich kein Bahnfehler, sondern lediglich
ein der Bahngeschwindigkeit proportionaler Schleppabstand
s_{Abw} ergibt. Sobald sich die Bahnrichtung ändert, treten
jedoch Bahnabweichungen auf, die bei der vorliegenden
Struktur der Lageregelkreise mit Proportionalregler auch
bei gleichem Übertragungsverhalten unvermeidlich sind.

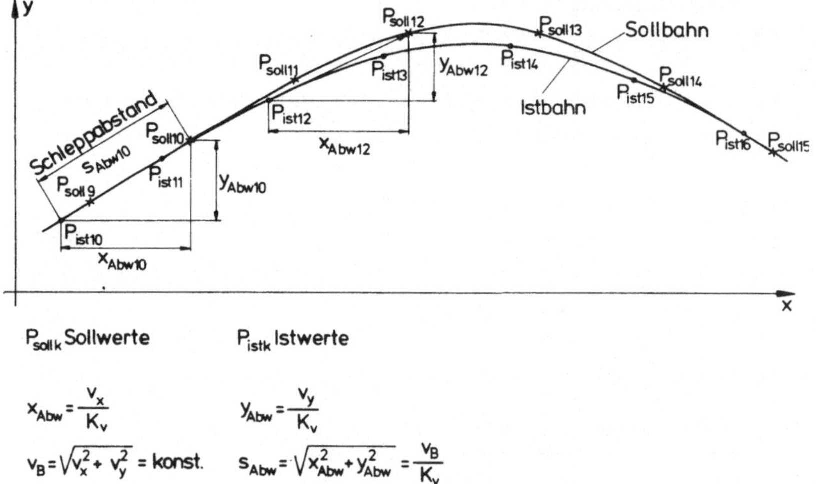

$$x_{Abw} = \frac{v_x}{K_v} \qquad y_{Abw} = \frac{v_y}{K_v}$$

$$v_B = \sqrt{v_x^2 + v_y^2} = \text{konst.} \qquad s_{Abw} = \sqrt{x_{Abw}^2 + y_{Abw}^2} = \frac{v_B}{K_v}$$

Bild 3.9: Bahnfehler infolge Bahnrichtungsänderung /4/.

Bild 3.9 zeigt eine gekrümmte Sollbahn in der x-/y-Ebene,
die mit konstanter Bahngeschwindigkeit v_B durchfahren
werden soll. Die Lageregelabweichungen x_{Abw} und y_{Abw}
sind proportional zu den entsprechenden Istwerten der

Achsgeschwindigkeiten v_x und v_y. In <u>Bild 3.9</u> sind die zu Sollbahnpunkten $P_{soll\ 10}$ bis $P_{soll\ 16}$ gehörenden Istbahnpunkte $P_{ist\ 10}$ bis $P_{ist\ 16}$ eingetragen, um die entstehende Abweichung zwischen Soll- und Istbahn zu veranschaulichen.

Mit Hilfe der digitalen Simulation auf einer Datenverarbeitungsanlage (DVA) lassen sich die zu erwartenden Bahnabweichungen ermitteln. <u>Bild 3.10</u> zeigt die Ergebnisse der Berechnung der größten dynamisch bedingten Bahnabweichung $e_{Bdyn\ max}$ beim Erzeugen eines Kreisbogens mit zwei translatorischen Achsen in Abhängigkeit vom Kreisradius r und der Bahngeschwindigkeit v_B /7/.

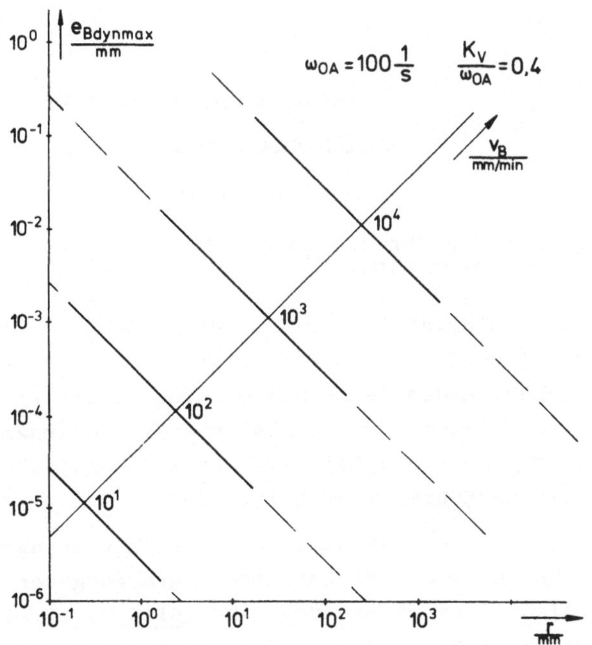

<u>Bild 3.10:</u> Maximale Bahnabweichung bei Zirkularinterpolation.

Dabei sind Einschwingvorgänge beim Anfahren und Bremsen
berücksichtigt. Dieses Beispiel verdeutlicht, daß bei
hoher Bahngeschwindigkeit und kleinen Radien ganz erhebliche
Bahnabweichungen auftreten.

Während beim Kreisbogen eine Radiusabweichung charakte-
ristisch für die Bahnabweichung ist, sind es beim Umfahren
einer 90° - Ecke die Eckenabweichung e_{EN} und die Überschwingabweichung $e_{\ddot{U}}$ (Bild 3.11).

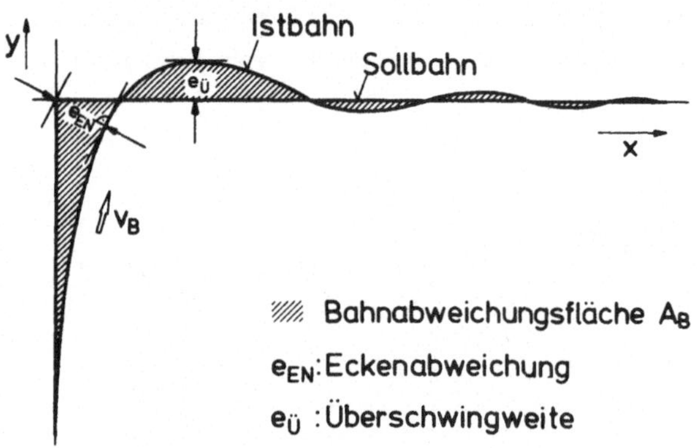

Bild 3.11: Kenngrößen für die Bahnabweichung
beim Fahren einer 90°-Ecke /9/.

In /9/ ist die Abhängigkeit der Eckenabweichung und der
Überschwingabweichung von den Parametern des Lageregelkreises angegeben. Minimale Bahnabweichung stellt sich
nach diesen Ergebnissen für die gleichen Parameterwerte
ein, die für den einzelnen Lageregelkreis zu minimaler Vergleichsregelfläche führen (Abschnitt 3.2).

Ecken- und Überschwingabweichung lassen sich verringern,
wenn die in Abschnitt 3.2 eingeführte Begrenzung der
Führungsbeschleunigung angewendet wird (Bild 3.12). Die
Beschleunigungszeit ist für die beteiligten Vorschubeinheiten gleich groß einzustellen. Sie muß größer oder gleich
der Zeit sein, die sich für die Vorschubeinheit mit der
größten Geschwindigkeitsänderung bei maximal zulässiger
Führungsbeschleunigung $a_{F\ max}$ ergibt.

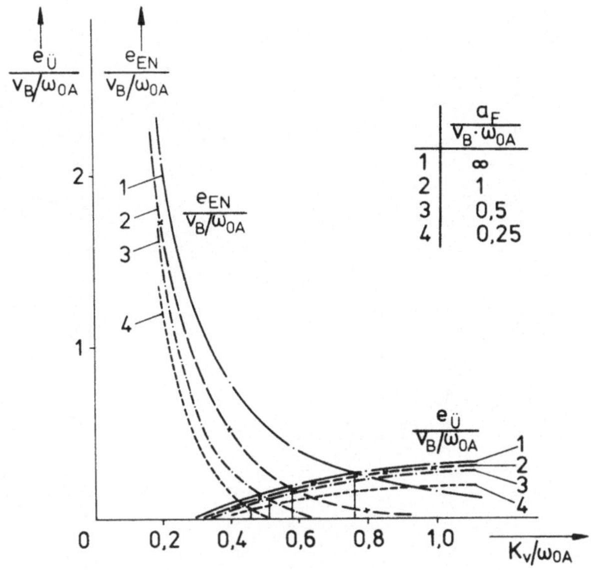

Bild 3.12: Auswirkung der Begrenzung der Führungsbeschleunigung auf Ecken- und Überschwingabweichung /8/.

Beim Umfahren einer Ecke mit direktem Übergang von einer Führungsgeschwindigkeit zur anderen für die beteiligten Vorschubeinheiten entsteht im allgemeinen eine verzerrte Führungsbahn (Bild 3.13). Dies läßt sich durch einen "Führungshalt" vermeiden; die Führungsgeschwindigkeiten werden in einer Verzögerungsphase vom Ausgangswert auf Null reduziert und in einer anschließenden Beschleunigungsphase auf den neuen Wert geführt (Bild 3.14). Da die Lage-Istwerte den Lagesollwerten nacheilen, tritt beim Führungshalt ohne Wartezeit im allgemeinen noch kein Anhalten der Vorschubeinheiten mit seinen technologischen Nachteilen (Freischneiden) auf.

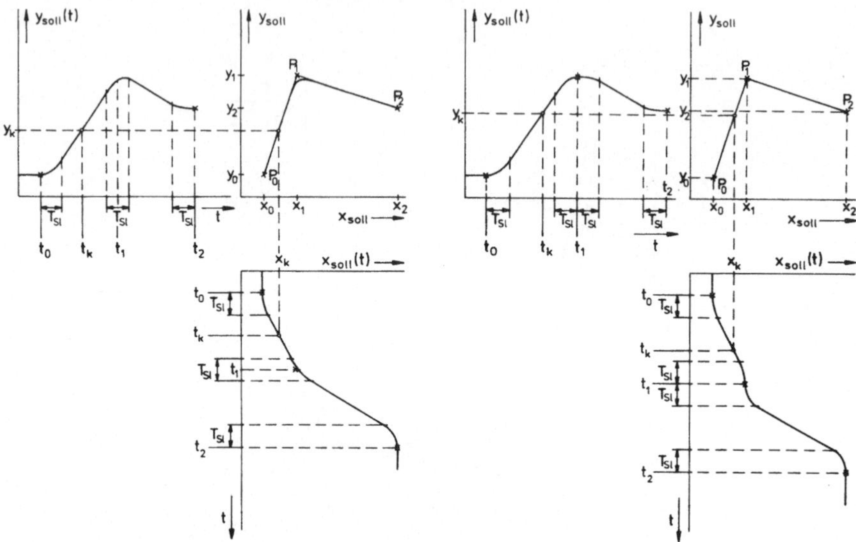

Bild 3.13: Umfahren einer Ecke mit slope, ohne Führungshalt.

Bild 3.14: Umfahren einer Ecke mit slope und Führungshalt.

Abhängig von der eingestellten Begrenzung der Führungsbeschleunigung, der Bahngeschwindigkeit und der vorliegenden
Geometrie können noch immer erhebliche Bahnabweichungen
auftreten. Als weitere Maßnahme kann der Führungshalt ausgedehnt werden bis die Geschwindigkeit der beiden Vorschubeinheiten ein bestimmtes Maß unterschritten hat. Entsprechende Daten können aus dem Vergleich von Lagesoll-
und Lage-Istwert, der Lageregelabweichung oder direkt aus
dem Geschwindigkeitsistwert gewonnen werden.

Bahnabweichungen bei unterschiedlichem Übertragungsverhalten

Weisen die Lageregelkreise der an der Bahnerzeugung beteiligten Vorschubeinheiten unterschiedliches Übertragungsverhalten auf, so führt dies ebenfalls zu Bahnabweichungen.

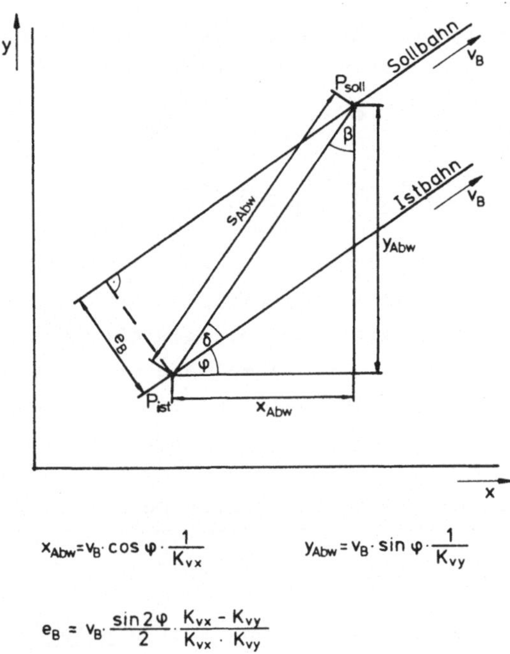

$$x_{Abw} = v_B \cdot \cos\varphi \cdot \frac{1}{K_{vx}} \qquad y_{Abw} = v_B \cdot \sin\varphi \cdot \frac{1}{K_{vy}}$$

$$e_B = v_B \cdot \frac{\sin 2\varphi}{2} \cdot \frac{K_{vx} - K_{vy}}{K_{vx} \cdot K_{vy}}$$

Bild 3.15: Bahnfehler aufgrund unterschied-
licher Geschwindigkeitsverstärkung
bei geradliniger Bahn.

Bild 3.15 zeigt den durch unterschiedliche Geschwindigkeitsverstärkung entstehenden Bahnfehler e_B, wenn als
Sollbahn eine Gerade mit dem Steigungswinkel φ in der
x/y-Ebene vorgegeben wird. Einschwingvorgänge sind hierbei vernachlässigt. Führt man den Einstellfehler ε_{K_v}
als Maß für die Abweichung zwischen den Geschwindigkeits-
verstärkungen K_{vx} und K_{vy} ein, so gilt:

$$\varepsilon_{K_v} = \frac{K_{vx} - K_{vy}}{K_{vx}}$$

und

$$e_B = \varepsilon_{K_v} \cdot v_B \frac{\sin 2\varphi}{2} \frac{1}{K_{vy}}$$

oder

$$\frac{e_B}{y_{Abw}} = \varepsilon_{K_v} \cdot \cos\varphi .$$

Das folgende Zahlenbeispiel soll die Größenordnung des auftretenden Bahnfehlers veranschaulichen.

Für v_B = 2 m/min; φ = 45°; K_{vx} = 20 $\frac{1}{s}$ und ε_{Kv} = 20 %

ergibt sich $\qquad\qquad\qquad e_B$ = 0,167 mm.

Ungleiche Antriebsdynamik hat beim Positionieren dynamische Bahnabweichungen zur Folge, die bei gleicher Unsymmetrie $\varepsilon_{\omega OA}$ weit geringer sind als die entsprechenden Abweichungen durch unterschiedliche Geschwindigkeitsverstärkung /8/.

3.3.3 Abhängigkeit zwischen Hauptspindel- und Vorschubbewegung

Nach der zulässigen Bahnabweichung ist in <u>Bild 3.1</u> als nächste Randbedingung zur Bildung von Lageführungsgrößen und zur Lageeinstellung die Abhängigkeit zwischen Hauptspindel- und Vorschubbewegung angeführt.
Bei einigen Fertigungsverfahren, wie z.B. dem Gewindedrehen oder dem Ausdrehen mit einem Plandrehkopf, ist es notwendig, Hauptspindeldrehung und Vorschubbewegung aufeinander abzustimmen, gegebenenfalls auch zu synchronisieren. Zur Lösung dieser Aufgabe kann die Hauptspindel als Leitachse und die Vorschubachse als Nachführachse verwendet werden, indem die Signale eines auf der Hauptspindel angebrachten Drehgebers den Takt für den Interpolator der Vorschubachsen liefern.
Insbesondere für Drehmaschinen sind weitere Steuerungsfunktionen eingeführt, die durch Verknüpfung von Hauptspindeldrehung und Vorschubbewegung zu lösen sind. Beim Drehen wird häufig statt konstanter Bahngeschwindigkeit v_B und konstanter Hauptspindeldrehzahl n ein konstanter Vorschub s bei konstanter Schnittgeschwindigkeit v ver-

langt. Aus den programmierten Werten für Vorschub und
Schnittgeschwindigkeit und dem aktuellen Drehradius r
oder Drehdurchmesser d müssen in der Steuerung Hauptspindeldrehzahl und Vorschubgeschwindigkeit berechnet werden (Gleichungen 3.1 und 3.2). Beide Sollwerte sind während der Bearbeitung laufend der Änderung des Drehdurch-
messers d nachzuführen.

$$n = \frac{v}{\pi\, d} \tag{3.1}$$

$$v_B = s\, \frac{v}{\pi\, d} = s \cdot n \tag{3.2}$$

3.3.4 Werkstück- und Achskoordinatensystem

Die Anordnung der Werkzeugmaschinenachsen, d. h. der Aufbau der Maschine aus translatorischen und rotatorischen
Achsen, die entweder das Werkstück oder das Werkzeug oder
eine der anderen Achsen tragen, bestimmt Art und Aufwand
der Transformation von Koordinatenwerten aus dem Werkstück-
in das Achskoordinatensystem.
Bei maschineller Programmierung führt ein Nachverarbei-
tungsprogramm (Postprocessor) diese Transformation, die
in den meisten Fällen nur aus Translationen und Spiege-
lungen besteht, durch. So werden Programmiersystem
(z.B. EXAPT) und NC von maschinenabhängigen Aufgaben frei-
gehalten. Die an der NC vorgesehene "Nullpunktverschiebung" soll in erster Linie den Einrichtevorgang vereinfachen.

Es sind nur wenige Sonderfälle bekannt, bei denen Werk-
stückkoordinantenwerte direkt in die NC eingegeben werden.
Als Beispiel für einen solchen Sonderfall sei der Vorschlag
eines verbesserten Datenflusses für simultan fünfachsige
Fräsbearbeitung erwähnt /12/. In erster Linie um das Ein-
richten der Maschine und das Testen und Ändern von Steuer-
programmen zu erleichtern, sollen die Steuerdaten in die

NC im Werkstückkoordinatensystem eingegeben werden. Wenn
die numerische Steuerung im Werkstückkoordinatensystem
interpoliert und erst die interpolierten Daten in das
Achskoordinatensystem transformiert werden, ergeben sich
weitere Vorteile gegenüber der allgemein üblichen Lösung.
Zum einen muß nicht mehr im Postprocessor vorinterpoliert
werden, um den kinematischen Fehler, der bei der Kombination von translatorischen und rotatorischen Bewegungen
auftritt, zu begrenzen; die in die NC einzugebende Datenmenge kann deshalb verringert werden. Zum anderen können
zusätzliche Funktionen eingeführt werden, welche die
Kenntnis der Werkstückkoordinatenwerte erfordern /12/.

3.4 Anforderungen bei Abtastsystemen

Die festverdrahteten Interpolatoren in konventionellen
numerischen Steuerungen bilden Einzelimpulse, die als
Zuwachsstücke für die Lageführungsgrößen mit einer Bewertung von einem Weginkrement pro Impuls verarbeitet werden. Bei den heute gestellten Anforderungen bezüglich
Wegauflösung und maximaler Bahngeschwindigkeit treten
hohe Ausgabefrequenzen des Interpolators auf.

Beispiel: Wegauflösung $w = 1\ \mu m$ und
max. Bahngeschwindigkeit $v_{B\ max} = 10\ m/min$
führen zu einer Ausgabefrequenz von

$$f_{max} = \frac{v_{B\ max}}{w} = 167\ kHz$$

bzw. zum Zeitabstand zwischen zwei Impulsen von

$\Delta t = 6\ \mu s.$

Die Interpolation in frei programmierbaren Prozessoren –
in Kleinrechnern oder Mikrorechnern – erfordert neue Lösungen, da die serielle Arbeitsweise dieser Geräte derart
hohe Ausgabefrequenzen nicht ermöglicht.

Da es aufgrund der begrenzten Dynamik des Lageregelkreises ausreicht die Führungsgröße oder auch die Stellgröße des Lageregelkreises in Zeitabständen zu bestimmen, die der begrenzten Dynamik angepaßt sind, ist die Realisierung der Lageführungsgrößenerzeugung bzw. der Lageeinstellung in Form von Abtastsystemen möglich. Die Abtastperiode T_a ist wesentlich größer als der kleinste Zeitabstand zwischen zwei Impulsen bei Einzelimpulsverarbeitung (s. o.). Abtastsysteme stellen deshalb rechnergerechte Lösungen für die vorliegende Aufgabenstellung dar.

3.4.1 Abtast-Lageführungsgrößen

Numerische Steuerungen mit Interpolation durch Rechnerprogramme und außerhalb des Rechners geschlossenen Lageregelkreisen arbeiten mit Abtast-Lageführungsgrößen. In **Bild 3.16** ist die Signalverarbeitung von den Vorgabedaten (Verfahrweg dx, Bahngeschwindigkeit v_B) zur Abtast-Lageführungsgröße und zur Lage-Istgröße für eine Rampenfunktion schematisch dargestellt.

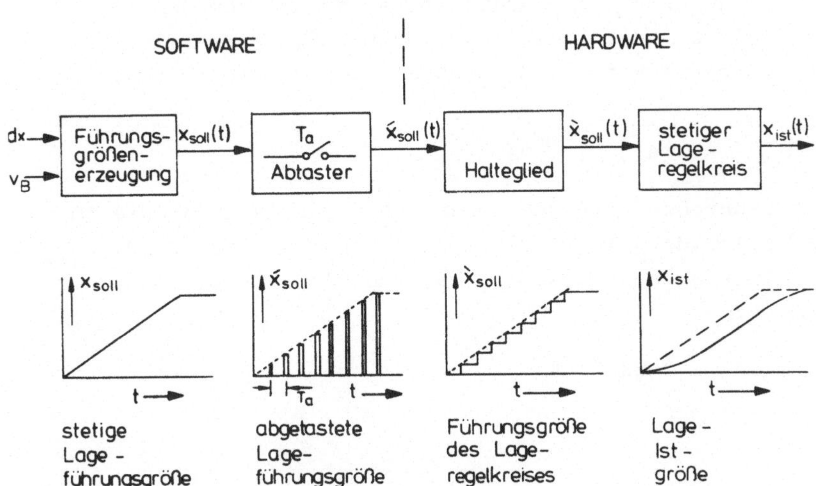

Bild 3.16: Lageregelkreis mit Abtast-Führungsgröße.

Dabei ist unterstellt, daß die Abtastperiode T_a so gewählt wurde, daß die abgetastete Lageführungsgröße vom Lageregelkreis wie eine stetige Lageführungsgröße verarbeitet wird; das bedeutet, daß die abgetastete Führungsgröße für einen Lageregelkreis mit begrenzter Dynamik als "quasistetig" gilt. Es ist also eine bestimmte Relation zwischen Abtastfrequenz f_a bzw. Abtastintervall T_a und der Lageregelkreisdynamik einzuhalten.

Zur Festlegung der erforderlichen Abtastfrequenz für die Führungsgröße eines stetigen Lageregelkreises liegen die Ergebnisse mehrerer Untersuchungen vor.

In /13/ wird hergeleitet, daß die Lageführungsgrößen für einen stetigen Lageregelkreis mit dem Acht- bis Zehnfachen der Kennfrequenz des Lageregelkreises abzutasten sind. Diese Untersuchung basiert auf der Berechnung der Vergleichsregelfläche für einen Lageregelkreis mit einem VZ1-Antrieb. Höhere Abtastfrequenzen als die oben genannten bringen keine Verbesserung des Ergebnisses.

Wählt man als Bezugsgröße für die Abtastfrequenz die Kennkreisfrequenz ω_{OA} des Antriebs, so erhält man das in **Bild 3.17** dargestellte Diagramm. Um die quadratische Vergleichsregelfläche klein zu halten, muß demnach gelten

$$f_a > 0,5 \; \omega_{OA} \, .$$

Weiterführende Untersuchungen haben gezeigt, daß die in /13/ zugrunde gelegte stationäre Lageregelabweichung x_{Abw} bei einer abgetasteten Anstiegsfunktion als Lageführungsgröße von

$$x_{Abw} = v_B \; \frac{1}{K_v}$$

nur näherungsweise zutrifft.

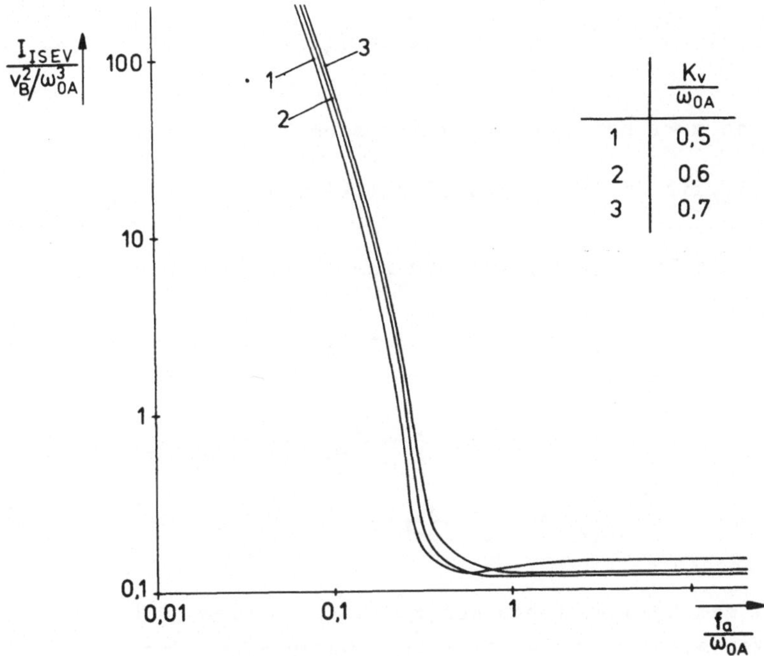

Bild 3.17: Zusammenhang zwischen quadratischer Vergleichs-regelfläche und Abtastfrequenz bei einem VZ1-Antrieb (nach /13/).

Für einen idealen Antrieb läßt sich der exakte Wert mit Hilfe der z-Transformation herleiten. Hier gilt für den Lageregelkreis

$$\frac{dx_{ist}}{dt} = K_v(x_{soll} - x_{ist}).$$

Während des Abtastintervalls $k\,T_a < t \leqq (k + 1)\,T_a$ ist $x_{soll}(t)$ = konstant. Damit läßt sich mit

$$\int_{x_{ist}(k\,T_a)}^{x_{ist}([k+1]\,T_a)} \frac{dx_{ist}}{x_{ist}-x_{soll}} = -\int_{0}^{T_a} K_v\,dt$$

$$x_{ist}([k+1]\,T_a) \qquad \text{berechnen zu}$$

$$x_{ist}([k+1]T_a) = e^{-K_v T_a} \cdot x_{ist}(k\,T_a) + (1 - e^{-K_v T_a}) \cdot x_{soll}(k\,T_a) .$$

Durch z-Transformation ergibt sich

$$z \cdot x_{ist}(z) = e^{-K_v T_a} \cdot x_{ist}(z) + (1 - e^{-K_v T_a}) \cdot x_{soll}(z) .$$

Für die Lageregelabweichung zum Abtastzeitpunkt folgt daraus

$$x_{Abw}(z) = x_{ist}(z) - x_{soll}(z)$$

$$= \left(1 - \frac{1 - e^{-K_v T_a}}{z - e^{-K_v T_a}}\right) x_{soll}(z)$$

$$x_{Abw}(z) = \frac{z - 1}{z - e^{-K_v T_a}} \; x_{soll}(z) .$$

Aus dem Grenzwertsatz der z-Transformation läßt sich die Lageregelabweichung bei einer Anstiegsfunktion $x_{soll}(t) = v_B \cdot t$ mit

$$x_{soll}(z) = v_B \frac{z\ T_a}{(z - 1)^2}$$

berechnen zu

$$x_{Abw} = \lim_{z \to 1} \left[(z - 1) \cdot x_{Abw}(z) \right]$$

$$x_{Abw} = v_B \frac{T_a}{1 - e^{-K_v T_a}} .$$

Die Berechnung der Lageregelabweichung mit Hilfe der digitalen Simulation ergab, daß diese Beziehung auch für Antriebe mit dem Verhalten eines Verzögerungsgliedes erster oder zweiter Ordnung ($D_A = 0,5$) erfüllt ist. Bild 3.18 und 3.19 zeigen die Abhängigkeit der quadratischen Vergleichsregelfläche von der Abtastfrequenz bei einer um

$$t = \frac{T_a}{1 - e^{-K_v T_a}}$$

verschobenen Vergleichsfunktion.

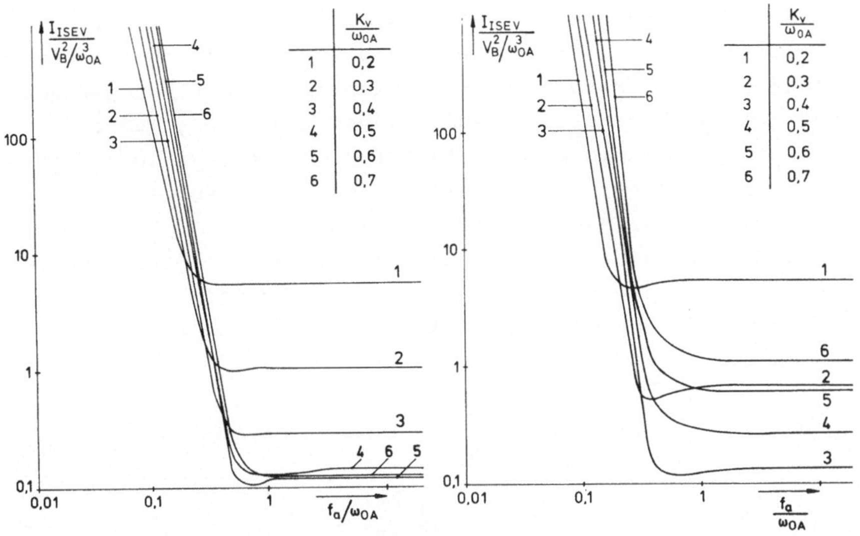

Bild 3.18: Abtastführungsgröße, VZ1-Antrieb.

Bild 3.19: Abtastführungsgröße, VZ2-Antrieb
mit $D_A = 0,5$.

Es ist zu sehen, daß unabhängig von der Art des Antriebs
die Abtastfrequenz nach folgender Beziehung zu wählen ist:

$$f_a > 0,6\,\omega_{OA}$$

Die in /9/ vorgeschlagene Umkehrung des Abtasttheorems von
Shannon, mit deren Hilfe von der Grenzfrequenz des Lageregelkreises auf die minimale Abtastfrequenz für die Lageführungsgrößen geschlossen werden soll, ist nur in abge-
wandelter Form anwendbar, da die Voraussetzungen für die
Anwendung des Abtasttheorems nur näherungsweise erfüllt
sind.

Anstelle eines idealen Tiefpasses mit der Bandbreite f_{gT}
zur Wiedergewinnung des ursprünglichen Signals liegt hier
die Reihenschaltung eines Haltegliedes für die abgetastete

Führungsgröße und des Lageregelkreises vor. Statt der
Grenzfrequenz f_{gL} des Lageregelkreises, die durch Abschwächung des entsprechenden Frequenzanteils des Eingangssignals
auf das $\frac{1}{\sqrt{2}}$ -fache (3 dB-Abfall) definiert ist, muß zur
Bestimmung der minimalen Abtastfrequenz jene Frequenz herangezogen werden, bei welcher die Amplitude auf ein ver-
nachlässigbares Maß ε abgefallen ist.

<u>Bild 3.20</u> zeigt für einen Lageregelkreis nach Bild 2.4 die
Abhängigkeit dieser Frequenz von der bezogenen Geschwindigkeitsverstärkung mit dem Parameter ε .

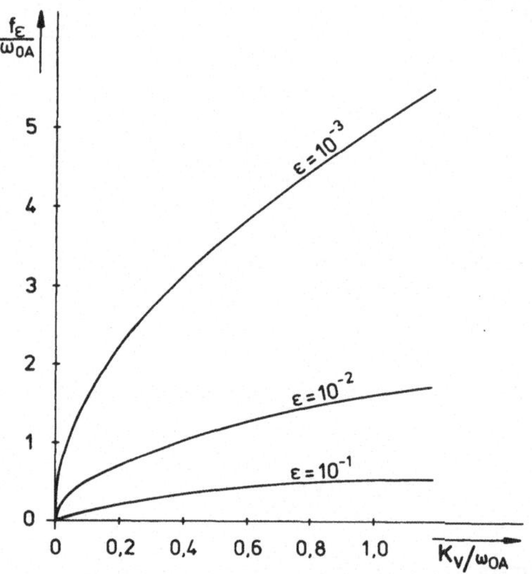

ε: Betrag des Amplitudenspektrums des
Lageregelkreises für die Frequenz f_ε

für einen VZ1-Antrieb

<u>Bild 3.20</u>: Bestimmung der Frequenz f_ε für welche das
Amplitudenspektrum des Lageregelkreises auf
den Wert ε abgefallen ist.

Auch die zweite Bedingung zur Anwendung des Abtasttheorems
ist nur näherungsweise erfüllt. Das Amplitudenspektrum
der als Lageführungsgrößen auftretenden Signale ist nicht
bandbegrenzt.

Für Anstiegsfunktionen ist das Amplitudenspektrum proportional zu $\frac{1}{\omega^2}$, fällt also mit steigender Frequenz stark ab. Das Amplitudenspektrum einer sinusförmigen Führungsgröße, wie sie auftritt, wenn eine kreisförmige Bahn mit zwei translatorischen Achsen erzeugt wird, ist für $\omega \gg \omega_d$ proportional zu $\frac{1}{\omega}$ /13/. ω_d ist dabei die Winkelgeschwindigkeit für die Kreisbewegung und läßt sich aus $\omega_d = \frac{v_B}{r}$ bestimmen. Da im praktischen Anwendungsfall $\omega_d < \omega_{OL}$ ist, kann das Amplitudenspektrum der Führungsgröße im Bereich der Frequenz, bei welcher das Amplitudenspektrum des Lageregelkreises auf das Maß ε abgefallen ist, vernachlässigt werden.

Die zunächst gezeigte Untersuchung basiert im Gegensatz zu dem oben modifizierten Vorschlag nach /9/ auf der Anwendung eines für die vorliegende Aufgabenstellung entwickelten Optimierkriteriums, dem Minimum der Vergleichsregelfläche. Deshalb werden im folgenden die in den **Bildern 3.18 und 3.19** dargestellten Ergebnisse zur Wahl der Abtastfrequenz herangezogen.

3.4.2 Abtast-Lageregelkreise

Zur Wahl der Abtastfrequenz bei Abtast-Regelsystemen werden in /14/ drei Kriterien angegeben:

   —— Bandbreite des Eingangssignals

   —— Stabilität des Regelkreises

   —— Steuerbarkeitsbereich des Regelsystems.

Wird die Abtastfrequenz aufgrund der Bandbreite des Eingangssignals festgelegt, so kommt man zu den in 3.4.1 angeführten Näherungsbetrachtungen. Stabilität des Regelkreises ist für die vorliegende Aufgabe zwar notwendig, aber kein ausreichendes Kriterium zur Wahl der Abtastfrequenz.

Für Abtast-Regelkreise mit beschränkter Stellgröße läßt
sich aus den Eigenwerten der Übertragungsfunktion der
Regelstrecke im z-Bereich die zur Steuerbarkeit erforderliche Abtastfrequenz bestimmen. Unter Steuerbarkeit ist
dabei zu verstehen, daß das Regelsystem in einer endlichen
Zahl von Abtastintervallen von einem beliebigen Anfangs-
zustand in den Nullzustand überführt werden kann. In /14/
wird vorgeschlagen, für eine Regelstrecke zweiter Ordnung
die Abtastperiode T_a direkt aus den Eigenwerten $p_{1,2} =
\sigma \pm j\omega_e$ der Übertragungsfunktion im p-Bereich der folgen-
den Beziehung entsprechend zu wählen:

$$\frac{\pi}{6} \leqq \omega_e \, T_a \leqq \frac{\pi}{3}.$$

Dies ist durch die eindeutige Zuordnung zwischen den Eigenwerten der Übertragungsfunktionen im z- und p-Bereich möglich.
Für die Abtastfrequenz $f_a = \frac{1}{T_a}$ gilt dann

$$\frac{6}{\pi} \, \omega_e \geqq f_a \geqq \frac{3}{\pi} \, \omega_e.$$

Die charakteristische Gleichung der Strecke eines Lageregelkreises mit VZ1-Antrieb weist zwei reelle Eigenwerte
auf. Das Kriterium der Steuerbarkeit liefert hier keine
Aussage zur Wahl der Abtastfrequenz.

Ein VZ2-Antrieb hat dagegen die charakteristische Gleichung

$$1 + 2 \frac{D_A}{\omega_{OA}} \, p + \frac{1}{\omega_{OA}^2} \, p^2 = 0$$

mit den konjugiert komplexen Eigenwerten

$$p_{1,2} = - \omega_{OA} \cdot D_A \pm j \cdot \omega_{OA} \cdot \sqrt{1 - D_A^2}.$$

Der Antrieb ist nach /14/ steuerbar, wenn die Abtastfrequenz nach folgender Beziehung gewählt wird:

$$\frac{6}{\pi} \cdot \omega_{OA} \sqrt{1-D_A^2} \geqq f_a \geqq \frac{3}{\pi} \omega_{OA} \sqrt{1-D_A^2}.$$

Beispiel: $\omega_{OA} = 100 \frac{1}{s}$ und $D_A = 0,5$:

$$165 \text{ Hz} \geqq f_a \geqq 82,5 \text{ Hz}$$

bzw.

$$6,06 \text{ ms} \leqq T_a \leqq 12,1 \text{ ms}$$

Betrachtet man die Steuerbarkeit der Strecke des Lageregelkreises, so führt das Spindel-/Schlitten-System mit seinem Integralverhalten zu einem zusätzlichen reellen Pol der charakteristischen Gleichung, der – wie die Ergebnisse der folgenden Betrachtung zeigen – ohne Einfluß auf die Wahl der Abtastfrequenz ist.

Da die Steuerbarkeit keine direkte Aussage über den Betrag der Vergleichsregelfläche erlaubt, wurde der Zusammenhang zwischen Abtastfrequenz und quadratischer Vergleichsregelfläche durch digitale Simulation ermittelt. Als Integralkriterium wurde hier anstelle des beim stetigen Lageregelkreis verwendeten stetigen Kriteriums

$$\int_0^\infty (x_{ist} - x_{soll})^2 \, dt \qquad \text{das diskrete Kriterium}$$

$$\sum_{k=0}^\infty \left[x_{ist}(k) - x_{Vsoll}(k) \right]^2 \cdot T_a \quad \text{angewendet.}$$

Die Bilder 3.21 und 3.22 zeigen die Ergebnisse dieser Untersuchung. Ein Vergleich mit den Ergebnissen für den stetigen Lageregelkreis mit Abtastführungsgröße (Bilder 3.18 und 3.19) läßt erkennen, daß die Vergleichsregelfläche beim Abtast-Lageregelkreis bereits bei größeren Abtastfrequenzen anzusteigen beginnt.

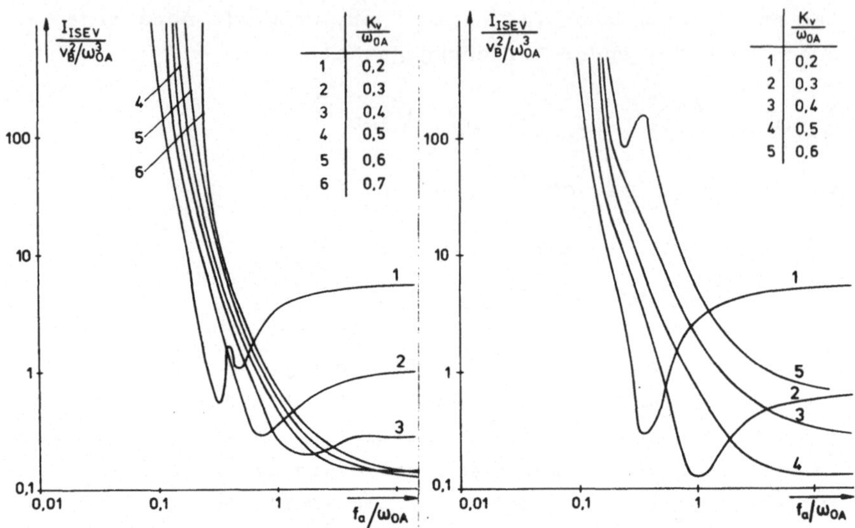

Bild 3.21: Abtast-Lageregelung, VZ1-Antrieb.

Bild 3.22: Abtast-Lageregelung, VZ2-Antrieb mit $D_A = 0,5$.

Für einen VZ1-Antrieb liegt die optimale Einstellung der Lageregelkreisparameter nach /8/ bei $\dfrac{K_v}{\omega_{OA}} \approx 0,6$. Die Abtastfrequenz ist dabei nach **Bild 3.21** wie folgt zu wählen:

$$f_a > \omega_{OA} .$$

Beim VZ2-Antrieb mit $D_A = 0,5$ gilt mit $\left.\dfrac{K_v}{\omega_{OA}}\right|_{opt} \approx 0,3$ nach **Bild 3.22**

$$f_a > 0,8\, \omega_{OA} .$$

Die Untersuchungsergebnisse zeigen, daß beim Abtast-Lageregelkreis keine wesentlich höheren Anforderungen hinsichtlich der Abtastfrequenz bestehen, als bei abgetasteter Lageführungsgröße und stetigem Lageregelkreis. Für Vorschubantriebe mit Gleichstrom-Servomotoren sind Abtastfrequenzen im Bereich von 80 Hz bis 200 Hz erforderlich. Messungen

an einer Vorschubeinheit mit einem durch einen Mikroprozessor
realisierten diskreten Lageregler mit Proportionalverhalten
bestätigten die oben genannten Untersuchungsergebnisse.

3.5 Bewertung der verschiedenen Anforderungen

Die Abschnitte 3.1 bis 3.4 geben einen Gesamtüberblick
über die Anforderungen an die Lageführungsgrößenerzeugung und die Lageeinstellung und zeigen die verschiedenen
Ursachen für Bahnabweichungen.

Für die Bewertung der Fehler der in den folgenden Kapiteln
behandelten Interpolationsverfahren ist die Relation zu
den bisher vorgestellten Bahnfehlern entscheidend. Im folgenden wird mehrfach die in Abschnitt 3.3.2 vorgestellte,
dynamisch bedingte Bahnabweichung zum Vergleich herangezogen.

Um eine günstige Gesamtlösung zu erreichen, wird die Begrenzung der Führungsbeschleunigung, mit deren Hilfe
mehrere Anforderungen erfüllt werden können (Abschnitt 3.2
und 3.3), als Teil der Lageführungsgrößenerzeugung neben
der Interpolation betrachtet. Bei der Auswahl der Struktur
eines Interpolators ist die Realisierbarkeit der Begrenzung der Führungsbeschleunigung zu berücksichtigen.

Eine sehr wichtige Voraussetzung für die folgenden Abschnitte
sind die in Abschnitt 3.4 dargestellten Kriterien und Untersuchungsergebnisse zur Wahl der Abtastfrequenz bei einer
rechnergerechten Lösung.

4   Interpolation

4.1   Kennzeichnende Begriffe

In Abschnitt 2.2.2 wurde der Begriff Interpolation eingeführt und seine Bedeutung in der Mathematik sowie im Bereich der NC-Technik erläutert. Die kennzeichnenden Begriffe zur Interpolation in numerischen Bahnsteuerungen
sind für eine systematische Darstellung erforderlich und
werden später zur Auswahl und Dimensionierung von Interpolatoren herangezogen.

4.1.1   Interpolationsverfahren

Zur Lösung der Interpolationsaufgabe können verschiedene
Verfahren verwendet werden. Die einzelnen Interpolationsverfahren unterscheiden sich nach der zugrunde liegenden
Beschreibungsform der Interpolationsaufgabe sowie nach
dem jeweiligen Lösungsweg. In der vorliegenden Arbeit werden zunächst Gruppen von Interpolationsverfahren mit jeweils gleicher Beschreibungsform diskutiert (Abschnitt
4.2). Auf einzelne Interpolationsverfahren wird im Abschnitt 5 näher eingegangen.

4.1.2   Interpolationsart

Die Bezeichnung der Interpolationsart gibt an, welche Bahnform entsteht, wenn zwei oder drei translatorische Achsen
angesteuert werden. In erster Linie werden Linear- und
Zirkularinterpolation verwendet, vereinzelt auch parabolische Interpolation; andere in der Literatur erwähnte
Interpolationsarten, wie elliptische oder hyperbolische
Interpolation, sind ohne praktische Bedeutung.

Linear- und Zirkularinterpolation sind erforderlich, da
Gerade und Kreisbogen die vom Konstrukteur weitaus am
häufigsten verwendeten Werkstück-Konturelemente sind. Andere Konturformen werden approximiert durch Abschnitte einfacher Konturelemente zwischen jeweils zwei Punkten. Neben
Geradenstücken und Kreisbogen kommen bei starken Krümmungs-
änderungen auch Parabelabschnitte zur Anwendung, da hier bei
gleichem Approximationsfehler größere Punktabstände möglich
sind und eine Bahn mit entsprechend geringerer Datenmenge
beschrieben werden kann /16, 17/.

Sobald rotatorische Achsen an der Bahnerzeugung beteiligt
sind, besteht bei Interpolation im Achskoordinatensystem
nur noch ein mittelbarer Zusammenhang zwischen Interpolationsart und Bahnform. Die hierbei entstehenden kinematischen
Abweichungen wurden für das fünfachsige Fräsen untersucht
/17/. Dabei ergab sich, daß die parabolische Interpolation
hier Vorteile aufweist, da sie im Vergleich zur Linearinterpolation bei gleichem Punktabstand zu kleineren kinematischen Abweichungen führt bzw. bei vorgeschriebener Genauigkeit größere Abstände zwischen den programmierten
Punkten zuläßt.

4.1.3   Interpolationsraster

Als weiteres Merkmal, das zur Klassifizierung von Interpolatoren für numerische Bahnsteuerungen geeignet ist,
wird hier das "Interpolationsraster" eingeführt. Erzeugt
ein Interpolator einzelne Weginkremente, so wird dies als
Interpolation mit <u>Wegraster-Ausgabe</u> oder kurz als Weg-
raster-Interpolation bezeichnet. Die Zeitabstände, mit
denen sich die einzelnen Lageführungsgrößen um jeweils ein
Weginkrement ändern, sind unterschiedlich und hängen von
der Bahngeometrie und der programmierten Bahngeschwindigkeit ab.

<u>Zeitraster-Ausgabe</u> liegt dagegen vor, wenn ein Interpolator
in gleichen Zeitabständen Zuwachsstücke für die Lageführungsgrößen ermittelt. Dabei kann sich der Betrag der Zuwachsstücke von Interpolationszyklus zu Interpolationszyklus
ändern. Er ist abhängig von der Bahngeometrie, der Bahngeschwindigkeit und dem Ausgabe-Zeitraster. Wenn das Zeitraster selbst für alle Interpolationsabschnitte gleich,
also unabhängig von der zu durchfahrenden Bahn und der programmierten Bahngeschwindigkeit ist, wird im weiteren von
Interpolation mit festem Zeitraster gesprochen. Ändert
sich das Zeitraster bei den einzelnen Interpolations- oder
Bahnabschnitten, so wird dies als Interpolation mit variablem Zeitraster bezeichnet.

4.1.4   Interpolationsstufen

Ein einstufiger Interpolator bildet die Lageführungsgrössen direkt aus den ihm vorgegebenen Steuerdaten. Werden
zunächst aus den Steuerdaten durch Interpolation Zwischenpunkte berechnet, zwischen denen wiederum interpoliert
wird, so liegt eine mehrstufige Interpolation vor.
Bei zweistufiger Interpolation wird zwischen einem den
ganzen Interpolationsbereich und alle geforderten Interpolationsarten abdeckenden Grobinterpolator und einem im
Vergleich dazu wesentlich einfacheren Feininterpolator
unterschieden. Während die durch die Steuerdaten vorgegebenen Bahnabschnitte jeweils einen Interpolationsabschnitt
des Grobinterpolators bilden, liegen die Feininterpolationsabschnitte zwischen zwei durch Grobinterpolation ermittelten Zwischenpunkten (<u>Bild 4.1</u>). Der Umfang des Feininterpolators wird demgemäß auf den größtmöglichen Abstand
der Zwischenpunkte beschränkt. Bei entsprechender Dimensionierung des Grobinterpolators (vergleich Abschnit 4.3.3)
kann der Feininterpolator auf die Linearinterpolation beschränkt werden, was eine wesentliche Reduzierung des Auf-

wands bedeutet und die Aufspaltung der Interpolation letzt-
lich erst rechtfertigt.

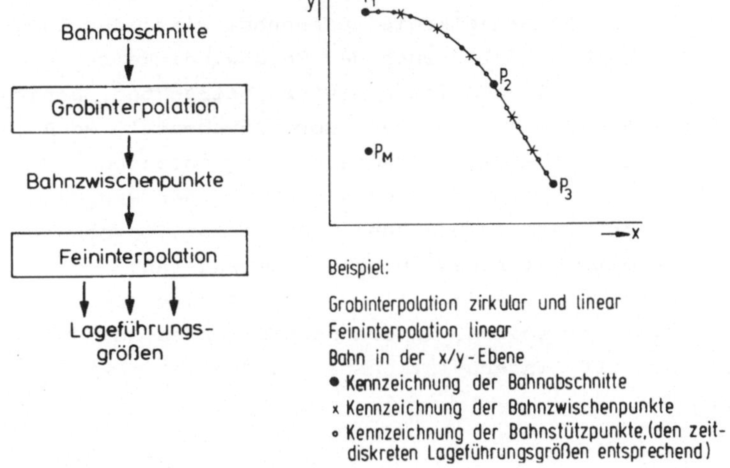

Bild 4.1:   Zweistufige Interpolation.

4.1.5   Interpolationsprinzip

In /18/ wird der Begriff "Interpolationsprinzip" eingeführt. Die verschiedenen Interpolationsprinzipien sind
gekennzeichnet durch den zwischen zwei Interpolationszyklen konstant zu haltenden Parameter. Als Parameter in diesem Sinn werden Position, Geschwindigkeit und Beschleunigung genannt.

Unter Interpolation in numerischen Bahnsteuerungen wird
in der vorliegenden Arbeit (in Übereinstimmung mit der
Terminologie in der Praxis) das Bilden von Lageführungsgrößen für die Lageregelkreise der Vorschubeinheiten einer
Werkzeugmaschine verstanden. Da ein Lageregelkreis bei
konstanter Lageführungsgröße, wie dies zwischen zwei Interpolationszyklen gegeben ist, im stationären Fall die Position des Maschinenschlittens konstant hält, weist ein Interpolator in obigem Sinn immer das Interpolationsprinzip
konstante Position auf.

Die anderen Interpolationsprinzipien kommen erst zum Tragen, wenn der Begriff Interpolation auf das Bilden von Führungsgrößen für den unterlagerten Geschwindigkeits- oder Beschleunigungsregelkreis ausgedehnt wird; der Lageregler und gegebenenfalls auch der Geschwindigkeitsregler werden dann als Teil des Interpolators betrachtet. Derartige Überlegungen sind höchstens dort angebracht, wo Rechner durch entsprechende Programme die angesprochenen Funktionen übernehmen. Auch bei der Ausführung per Programm sollten jedoch die Aufgaben von Interpolator, Lageregler, Geschwindigkeitsregler usw. nicht zusammengefaßt, sondern in getrennten, auf die jeweilige Funktion zugeschnittenen Moduln ausgeführt werden. In den nachfolgenden Ausführungen wird der Begriff "Interpolationsprinzip" nicht weiter verwendet.

4.1.6 Interpolationsfehler

Wenn die durch Interpolation ermittelten Lageführungsgrößen fehlerhaft sind, so sind hier mehrere Fehlerursachen zu unterscheiden, die nur zum Teil der Interpolation selbst zuzurechnen sind. Als Interpolationsfehler e_{bI} wird die Summe der Fehler bezeichnet, die durch Näherung (e_{bIN}) sowie durch Rundung (e_{bIR}) bzw. Abbruch der Zahlenwerte nach einer bestimmten Stellenzahl (e_{bIAb}) entstehen (Bild 4.2). Von diesen Fehleranteilen ist der erstgenannte ein systematischer Fehler, der abhängig vom Interpolationsverfahren ist und exakt berechnet werden kann. Rundungs- und Abbruchfehler treten beim Rechnen mit begrenzter Stellenzahl auf und sind bei festgelegter Stellenzahl von den jeweiligen Zahlenwerten abhängig; sie werden deshalb als zufällige Fehler bezeichnet.

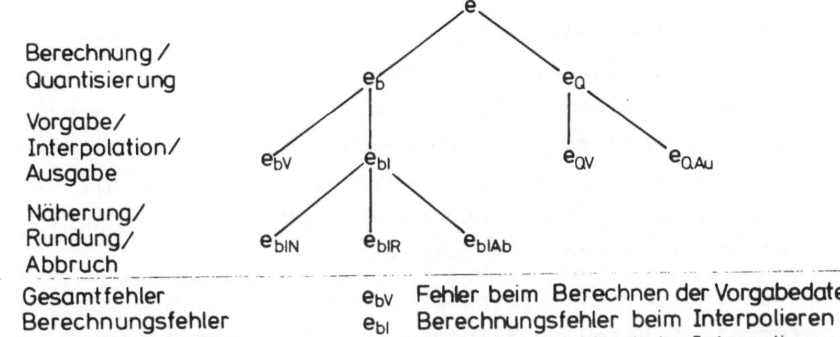

e	Gesamtfehler	e_{bV}	Fehler beim Berechnen der Vorgabedaten
e_b	Berechnungsfehler	e_{bI}	Berechnungsfehler beim Interpolieren
e_Q	Quantisierungsfehler	e_{bIN}	Berechnungsfehler beim Interpolieren Anteil infolge Näherung
e_{QV}	Fehler infolge Quantisierung der Vorgabedaten	e_{bIR}	Berechnungsf. b. I. Anteil infolge Rundung
e_{QAu}	Fehler infolge Quantisierung bei der Ausgabe	e_{bIAb}	Berechnungsf. b. I. Anteil infolge Abbruch

Bild 4.2: Fehler bei der Lageführungsgrößenerzeugung.

Die in **Bild 4.2** aufgeführten Fehleranteile aufgrund fehlerbehafteter Berechnung der Vorgabedaten (e_{bV}) oder aufgrund der Quantisierung von Vorgabe- und Ausgabedaten (e_{QV}, e_{QAu}) sollen nicht zum Interpolationsfehler gerechnet werden, da sie nicht durch die Interpolation selbst verursacht werden. Fehlerbehaftete Vorgabedaten können z.B. durch Rundung beim Erstellen der Steuerdaten entstehen. Für die Interpolation ist dieser Fehler nur dort von Bedeutung, wo eine Überbestimmtheit der Aufgabe vorliegt. Da bei der Zirkularinterpolation nach DIN 66025 Anfangspunkt, Endpunkt und Kreismittelpunkt programmiert werden, ist der Kreisradius überbestimmt. Wenn im Verlaufe der Zirkularinterpolation abgeprüft wird, ob bereits bis zum programmierten Endpunkt interpoliert ist, muß der mögliche Fehler in den Vorgabedaten ebenso wie mögliche Interpolationsfehler berücksichtigt werden, damit der Endpunkt erkannt wird. Der größtmögliche Quantisierungsfehler bei der Datenvorgabe liegt durch die "Programmierfeinheit" fest. Er führt zu einem zusätzlichen Fehleranteil für die Vorgabedaten. Bei der Datenausgabe tritt ein Quantisierungsfehler von maximal einem Weginkrement des Interpolators auf. Dies ist im allgemeinen identisch mit der Auflösung des Wegmeßsystems.

Die Betrachtung des Interpolationsfehlers bzw. seiner Anteile ist ein wichtiges Kriterium um die einzelnen Interpolationsverfahren zu beurteilen. Bei vorgeschriebener
Genauigkeit muß die Fehlerbetrachtung herangezogen werden
um einen Interpolator zu dimensionieren bzw. um die Grenzen des jeweiligen Anwendungsbereichs der einzelnen Interpolationsverfahren zu ermitteln.

Für eine sinnvolle Dimensionierung ist jedoch nicht der
Interpolationsfehler alleine, sondern seine Relation zu anderen Fehlern, wie sie in Abschnitt 3 vorgestellt wurden,
entscheidend.

Bei der Fehlerbetrachtung ist es vorteilhaft die Auswirkungen des Interpolationsfehlers auf die Bahngeschwindigkeit und den Bahnverlauf getrennt zu untersuchen, da die
Anforderungen an die Einhaltung der programmierten Bahngeschwindigkeit wesentlich geringer sind als die geforderte Bahntreue. Abweichungen von 2 % (dynamisch) bis 5 %
(statisch) sind zulässig.

4.2 Einteilung der Interpolationsverfahren

Die mit der numerisch gesteuerten Werkzeugmaschine zu erzeugende Bahn läßt sich auf verschiedene Arten beschreiben. Bei drei simultan zu bewegenden Vorschubeinheiten
bietet sich die Darstellung der Bahn als eine Folge aneinanderhängender Raumkurvenabschnitte an.
Zur mathematischen Beschreibung einer Raumkurve stehen
die explizite, die implizite und die Darstellung in Parameterform zur Wahl. Da in der expliziten Form eine Koordinate als abhängige Variable und die anderen Koordinaten als unabhängige Variablen auftreten, ist diese Darstellungsform wenig geeignet zur Interpolation bei voneinander unabhängigen Vorschubeinheiten.

4.2.1 Suchschrittverfahren

Eine Gruppe von Interpolationsverfahren, die als "Suchschrittverfahren" bezeichnet wird, geht von der impliziten
Darstellung aus. Jeder Punkt auf einer Kurve in der x/y-
Ebene erfüllt die Funktionsgleichung $F(x, y) = 0$. Für
alle anderen Punkte der Ebene ist $F(x, y) \neq 0$. Die Kurve
unterteilt die Ebene in einen Bereich mit positiven Funktionswerten und einen zweiten Bereich mit negativen Funktionswerten (Bild 4.3).

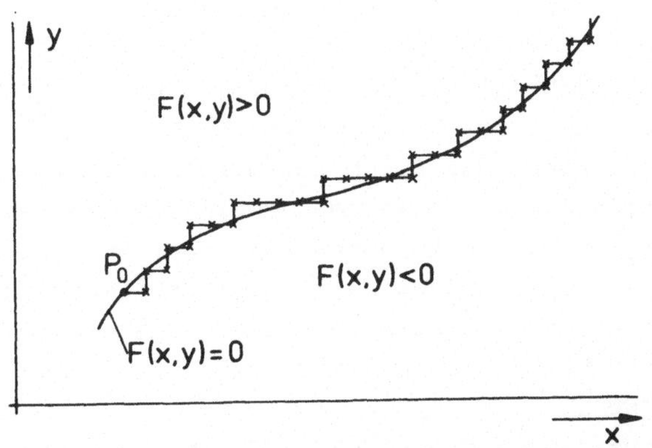

Bild 4.3: Implizite Funktionsdarstellung und Interpolation nach dem Suchschrittverfahren.

Von dem auf der Kurve liegenden Anfangspunkt P_o eines Bahnabschnitts aus wird beim Interpolieren zunächst ein Schritt
um eine Wegeinheit in x- oder y-Richtung durchgeführt. Danach berechnet man bei jedem Interpolationszyklus den Funktionswert im jeweiligen Punkt und bestimmt in Abhängigkeit
von dessen Vorzeichen, in welcher Koordinate um eine Wegeinheit fortzuschreiten ist. Für das in Bild 4.3 dargestellte
Beispiel erfolgt bei $F(x, y) \geqq 0$ ein Schritt in x-Richtung,
bei $F(x, y) < 0$ ein Schritt in y-Richtung.
Wenn $F(x, y)$ als Polynom dargestellt ist, kann der Funktionswert im nächsten Punkt aus dem aktuellen Funktions-

wert und der Änderung des Funktionswertes beim Fortschrei-
ten in der vorgesehenen Richtung berechnet werden. Dies
ist eine Vereinfachung der Berechnung, da die Änderung
des Funktionswertes durch ein Polynom bestimmt wird, dessen
Grad um eins niedriger als der Grad der Funktion selbst
ist /19/.

$$F\ (x + 1,\ y) = F\ (x,\ y) + \Delta F_x$$

$$F\ (x,\ y + 1) = F\ (x,\ y) + \Delta F_y$$

Suchschrittverfahren zur Interpolation erzeugen zunächst
nur die Bahngeometrie. Die programmierte Bahngeschwindigkeit muß durch zeitgerechtes Anstoßen der Interpolationszyklen berücksichtigt werden. Wird die Interpolationsfre-
quenz proportional zur programmierten Bahngeschwindigkeit
gewählt, so liefert das Suchschrittverfahren mit dieser
Frequenz Weginkremente, die der jeweiligen Bahn entsprechend
den beteiligten Achsen zugeordnet werden. Bei einer Bahn in
einer Hauptebene kann dabei die durch Überlagerung der
Lageführungsgrößen entstehende Sollbahngeschwindigkeit
um den Faktor $\sqrt{2}$ von der programmierten Bahngeschwindigkeit abweichen.
Suchschrittverfahren sind nicht auf eine bestimmte Interpolationsart beschränkt. Es muß allerdings sichergestellt
sein, daß in jedem Interpolationsabschnitt Eindeutigkeit
vorliegt; die Interpolationsfunktion muß deshalb in jedem Interpolationsabschnitt eindeutig sein.
Interpolation im Suchschrittverfahren liefert einzelne
Weginkremente, ist also verknüpft mit der Wegraster-Ausgabe. Sie ist geeignet zur einstufigen Hardware-Interpolation oder zur Feininterpolation in einem zweistufigen Interpolator.
Software-Interpolation nach dem Suchschrittverfahren ist
nur bei geringen Anforderungen hinsichtlich maximaler Bahngeschwindigkeit und Wegauflösung möglich. Die Ausgabe von
Einzelimpulsen mit einer Frequenz von 167 kHz wie im Bei-

spiel auf Seite 48 läßt sich auch mit einem leistungsfähigen Prozessor nicht realisieren.

Der Interpolationsfehler kann beim Suchschrittverfahren
beliebig klein gehalten werden, auch kleiner als der
Quantisierungsfehler.

4.2.2 Direkte Funktionsberechnung

Als direkte Funktionsberechnung werden in /5/ jene Interpolationsverfahren bezeichnet, die auf der Berechnung der
implizit dargestellten Funktionsgleichung basieren. An
anderer Stelle /4, 19/ steht dieser Begriff für die Berechnung der in Parameterform vorliegenden Gleichungen
der Raumkurve. In der vorliegenden Arbeit wird die letzt-
genannte Definition verwendet, da für die implizit dargestellte Funktion nicht der Funktionswert berechnet, sondern lediglich sein Vorzeichen bestimmt wird (vergleiche
4.2.1). Die Parameterdarstellung, die zu einem System von
Gleichungen für die einzelnen Koordinaten der Raumkurve
führt, eignet sich sehr gut zur Interpolation. Geometrie-
und Bahngeschwindigkeitserzeugung können gekoppelt werden,
indem der Parameter τ proportional zur Zeit t gesetzt
wird. Aus den Gleichungen für die Koordinaten der Raumkurve
entstehen dabei die Bewegungsgleichungen für die einzelnen
Vorschubeinheiten. Wenn die Raumkurve so dargestellt ist,
daß als Parameter der Weg s auftritt, führt die Propor-
tionalität zwischen dem Parameter und der Zeit zu konstanter Bahngeschwindigkeit. Wird der Parameter während eines
Interpolationsabschnittes um gleich große Inkremente erhöht, so sind die einzelnen Interpolationszyklen in gleichen Zeitabständen ΔT aufzurufen (<u>Bild 4.4</u>).

allgemeine Parameterdarstellung mit $\tau_0 = 0$ und $\tau_n = 1$

$$x = x_0 + (x_n - x_0)\tau$$
$$y = y_0 + (y_n - y_0)\tau$$

Weg s als Parameter mit $s_0 = 0$ und $s_n = \overline{P_0 P_n}$

$$x = x_0 + (x_n - x_0)\frac{s}{s_n}$$
$$y = y_0 + (y_n - y_0)\frac{s}{s_n}$$

Zeit t als Parameter mit $t_0 = 0$, $t_n = T$ und $v_B = \frac{s_n}{T} = $ konstant

$$x = x_0 + (x_n - x_0)\frac{t}{T}$$
$$y = y_0 + (y_n - y_0)\frac{t}{T}$$

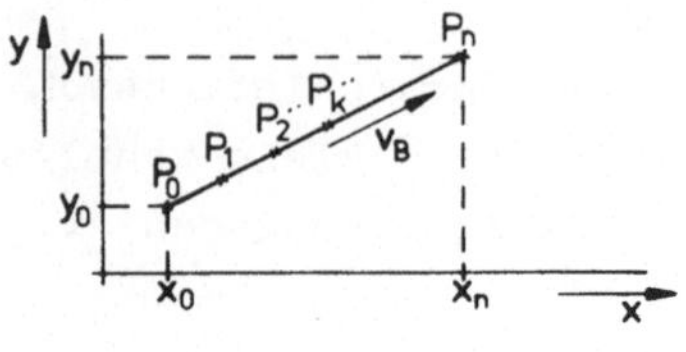

$$\overline{P_0 P_n} = \sqrt{(x_n - x_0)^2 + (y_n - y_0)^2}$$

Bei n gleichgroßen Zeitabschnitten $\Delta T = \frac{T}{n}$

$$x_k = x_0 + \frac{x_n - x_0}{n}\, k$$
$$y_k = y_0 + \frac{y_n - y_0}{n}\, k$$

Bild 4.4: **Parameterdarstellung und Interpolation durch direkte Funktionsberechnung.**

Direkte Funktionsberechnung ist für beliebige Interpolationsarten anwendbar. Als Interpolationsraster sind festes und variables Zeitraster möglich. Aufgrund der Zeitraster-Ausgabe ist direkte Funktionsberechnung gut geeignet zur Interpolation durch Rechnerprogramme, wobei einstufige wie zweistufige Lösungen infrage kommen. Der Interpolationsfehler muß hier für jedes einzelne Verfahren getrennt bestimmt werden; allgemeine Aussagen für diese Gruppe von Interpolationsverfahren sind nicht möglich. Ein Beispiel wird in Abschnitt 5.1.1 näher betrachtet.

4.2.3 Rekursive Funktionsberechnung

Auf der Parameterdarstellung der Raumkurve basiert eine weitere Gruppe von Interpolationsverfahren, die hier neu eingeführt wird. Bei diesen Interpolationsverfahren werden nicht die Gleichungen der Raumkurve direkt berechnet, sondern aus bereits berechneten Zwischenpunkten auf der Raumkurve jeweils der nächste Zwischenpunkt ermittelt. Im weiteren wird dies als "rekursive Funktionsberechnung" bezeichnet.

In bezug auf die Parameterwahl und die Bahngeschwindigkeitserzeugung besteht kein Unterschied zur direkten Funktionsberechnung. Der Vorteil der rekursiven Funktionsberechnung liegt darin, daß die Rekursionsgleichungen i. a. wesentlich einfacher sind als die Gleichungen zur direkten Funktionsberechnung. Für eine Rekursion erster Ordnung, d. h. Berechnung der Koordinaten eines Stützpunktes ausgehend vom vorhergegangenen Stützpunkt, weisen die Rekursionsgleichungen folgende Form auf:

$$x_{k+1} = F_x \, (x_k, \, y_k, \, z_k)$$
$$y_{k+1} = F_y \, (x_k, \, y_k, \, z_k)$$
$$z_{k+1} = F_z \, (x_k, \, y_k, \, z_k).$$

Wie bei der direkten Funktionsberechnung sind verschiedene Interpolationsarten bei festem oder variablem Zeitraster in ein- oder zweistufiger Ausführung möglich. Der Interpolationsfehler kann ebenfalls nur für jedes einzelne Verfahren zur Interpolation durch rekursive Funktionsberechnung bestimmt werden. Als Nachteil der Rekursion muß hier die Fehlerfortpflanzung erwähnt werden, die das Rechnen mit erhöhter Genauigkeit erforderlich macht (vergleiche 5.1.2 und 5.1.3).

4.2.4 DDA-Verfahren

Das bekannteste Interpolationsverfahren für numerische Bahnsteuerungen basiert auf der Differentialgleichung, welche das Durchfahren der Bahn beschreibt. Es arbeitet nach dem Prinzip der numerischen Integration. Als Integrator dient ein digitaler Differenzen-Summator (englisch: Digital Differential Analyzer, DDA). Da das DDA-Verfahren in der Literatur ausführlich beschrieben ist /3, 4, 19, 20, 21, 22/, kann hier auf eine weitere Darstellung verzichtet und das Verfahren als bekannt vorausgesetzt werden.

Durch Kombination mehrerer DDA's können verschiedene Interpolationsarten realisiert werden. Da einzelne Weginkremente ausgegeben werden, liegt eine Interpolation mit Wegraster-Ausgabe vor. Das DDA-Verfahren kann bei einstufiger Interpolation oder als Feininterpolator bei zweistufiger Interpolation angewendet werden; zur Grobinterpolation ist es aufgrund der Wegraster-Ausgabe nicht geeignet.

4.2.5 Sonstige Interpolationsverfahren

4.2.5.1 Pulse-Rate-Multiply-Verfahren

Mit Hilfe eines programmierbaren Frequenzteilers läßt sich ein Linearinterpolator nach dem Pulse-Rate-Multiply-Verfahren (PRM-Verfahren) aufbauen. Bild 4.5 zeigt das Blockschaltbild eines dualen programmierbaren Frequenzteilers. Schreibt man in das l-stellige Register eine Zahl

$$\frac{x}{w} = E_0 \cdot 2^0 + E_1 \cdot 2^1 + \ldots + E_{l-1} \cdot 2^{l-1} \quad \text{mit } E_k = \begin{Bmatrix} 0 \\ 1 \end{Bmatrix}$$

ein, so entsteht bei einem Durchlauf des Zählers, d. h. bei 2^l Eingangsimpulsen, am Ausgang 0 des Frequenzteils eine Folge von $\frac{x}{w}$ Impulsen, die etwa linear über der Zeit t verteilt sind. In Bild 4.6 ist ein Beispiel mit $\frac{x}{w} = 5$ dargestellt.

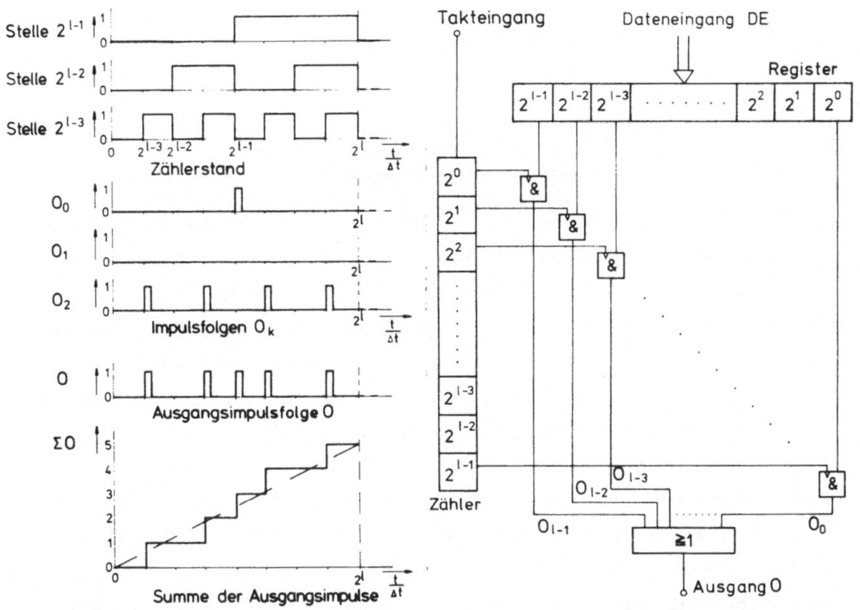

Bild 4.5: Blockschaltbild eines programmierbaren Frequenzteilers.

Bild 4.6: Impulsdiagramm eines porgrammierbaren Frequenzteilers.

Wenn ein Zählerdurchlauf einem Interpolationsabschnitt entspricht, stellt ein programmierbarer Frequenzteiler einen Linearinterpolator für eine Vorschubeinheit dar. Durch Parallelschaltung kann ein mehrachsiger Interpolator aufgebaut werden; der Zeitabstand der Eingangsimpulse des Zählers muß dann proportional zur Zeit, in welcher der jeweilige Interpolationsabschnitt abgearbeitet werden soll, gewählt werden. Dies läßt sich durch einen vorgeschalteten Frequenzteiler mit fester Eingangsfrequenz erreichen, in dessen Register jeweils der Kehrwert der Abarbeitungszeit einzutragen ist.

Das Pulse-Rate-Multiply-Verfahren, das besonders kostengünstige Lösungen erlaubt, da entsprechende Schaltkreise mittlerer Integrationsdichte verfügbar sind, wird in Abschnitt 5.3 näher betrachtet.

4.2.5.2 Cut-Vector-Table-Interpolation

Das in /23/ vorgeschlagene Verfahren zur Software-Interpolation basiert auf einer Nachbildung des DDA-Verfahrens.
Statt die numerische Integration auszuführen, werden hier
für die einzelnen Dekaden Tabellen verwendet, die für den
jeweiligen Wert der Dekade das Integrations-Ergebnis in
Form einer Überlauftabelle enthalten. Da das zyklische Auslesen des Tabelleninhalts anstelle der numerischen Integration noch keine ausreichende Reduzierung der Belastung
des Rechners mit sich bringt, wird in /23/ vorgeschlagen,
mit bezogenen Größen zu arbeiten. Dies setzt allerdings
voraus, daß im Postprocessor bezogene Größen errechnet werden, wodurch sich das Eingabeformat der NC-Daten ändern
würde. Wegen der Abkehr vom genormten Format des NC-Programms wird dieses "Tabellen-Interpolationsverfahren" nicht
weiter verfolgt.

4.2.5.3 Geschwindigkeitsproportionale Lagesollwertermittlung

Bei dem als "Gewindigkeitsproportionale Lagesollwertermittlung" bezeichneten Interpolationsverfahren /24/ berechnet
man für eine bevorzugte Achse (größte Achsgeschwindigkeit) in einem festen Zeitraster ein Lagesollwertinkrement,
das proportional zur Achsgeschwindigkeit ist. Unter Verwendung der impliziten Funktionsgleichung für die betreffende Interpolationsart wird daraus iterativ das Lagesollwertinkrement für die andere bzw. die anderen Achsen bestimmt.

Dieses Interpolationsverfahren weist Charakteristika des
Suchschrittverfahrens (implizite Funktionsgleichung) und der

rekursiven Funktionsberechnung auf (die Funktionswerte werden rekursiv bestimmt) und ist deshalb zwischen diesen
Gruppen von Interpolationsverfahren einzuordnen. Die Her-
leitung in /24/ zeigt, daß dieses Interpolationsverfahren
frei von systematischen Fehlern ist und auch keine Fortpflanzung von Fehlern stattfindet. Sie zeigt aber auch
den erheblichen Rechenaufwand, da bei jedem Iterations-
schritt erneut die implizite Funktionsgleichung berechnet werden muß.

4.3 Auswahl und Dimensionierung von Interpolatoren

4.3.1 Strukturauswahl

Anhand der in Abschnitt 4.1 eingeführten kennzeichnenden
Begriffe lassen sich verschiedene Interpolatorstrukturen
unterscheiden. <u>Bild 4.7</u> zeigt einstufige Lösungsformen
mit Ausgabe im Wegraster oder im Zeitraster sowie zweistufige Interpolation mit Zeitraster-Grobinterpolation und
Feininterpolation im Weg- oder Zeitraster.

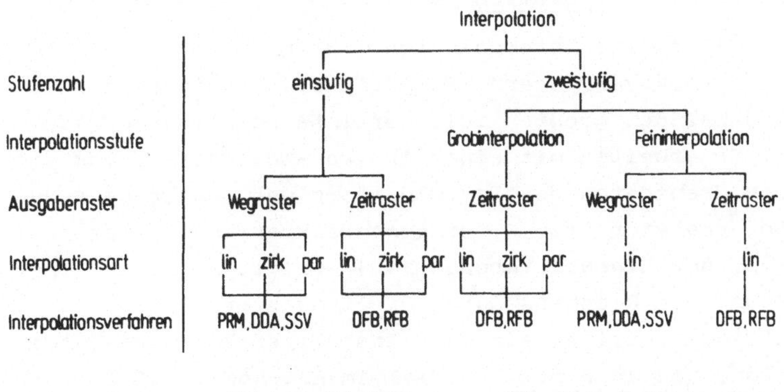

<u>Bild 4.7:</u> Kennzeichnende Begriffe zur Interpolation.

Einstufige Interpolation mit Wegraster-Ausgabe

Festverdrahtete numerische Steuerungen weisen grundsätz-
lich einstufige Interpolatoren mit Wegraster-Ausgabe auf.
Der Aufwand zur Realisierung von Hardware-Interpolatoren,
die als Interpolationsbereich den gesamten Verfahrbereich
einer Werkzeugmaschine aufweisen und für alle geforderten
Interpolationsarten ausgelegt sind, ist sehr groß. Wenn
in CNC-Steuerungen einstufige Hardware-Interpolation angewendet wird, dann nimmt man den damit verbundenen hohen
Aufwand in Kauf, um den Rechner der CNC für andere, zum
Teil erst durch den Rechnereinsatz einfach und kosten-
günstig lösbare Aufgaben einzusetzen.
Beispiele solcher Zusatzaufgaben sind Speichern und Korri-
gieren von NC-Programmen sowie das Erfassen von Betriebs-
und Zustandsdaten zur Überwachung von Steuerung und Werkzeugmaschine und zur Protokollierung des Fertigungsab-
laufes. Im Vergleich zur festverdrahteten NC sind bei
Verwendung eines Rechners einige Vereinfachungen des Hard-
ware-Interpolators möglich, indem Teilaufgaben, wie z. B.
die Quadrantenumschaltung bei Zirkularinterpolation, einem
Rechnerprogramm übertragen werden.

Zweistufige Interpolation

Durch zweistufige Interpolation läßt sich der Hardware-
Aufwand stark verringern. Ein Software-Grobinterpolator
führt dabei den größten Teil der Interpolationsaufgabe
durch. Er arbeitet mit einem Ausgabe-Zeitraster, das sich
aus den Grenzdaten des Interpolators und den Grenzen des
Feininterpolators (z. B. eingeschränkter Interpolationsbereich, nur Linearinterpolation) ergibt. Die zeitliche
Belastung des Rechners durch die Grobinterpolation ist
wesentlich niedriger als bei einstufiger Software-Interpolation. Wie an einem Beispiel im Abschnitt 4.3.3 gezeigt
wird, kann das Zeitraster des Grobinterpolators ein Viel-
faches des bei einstufiger Software-Interpolation einzuhaltenden Zeitrasters betragen.

Für die Ausführung des Feininterpolators bieten sich sowohl festverdrahtete Lösungen an, die mit Wegrasterausgabe arbeiten, als auch Rechnerprogramme mit einem dem maximal zulässigen Abtastintervall entsprechenden Zeitraster (vergleiche Abschnitt 3.4.1 bzw. 3.4.2).

Zweistufige Interpolation mit linearer oder parabolischer Feininterpolation ermöglicht die Trennung in einen Grobinterpolator, der alle für die jeweilige Interpolationsart erforderlichen Verknüpfungen zwischen den einzelnen Achsen enthält, und achsspezifische Feininterpolatoren, die nur über einen gemeinsamen Interpolationstakt miteinander verknüpft sind. Dabei entsteht ein Interpolator, der im Hinblick auf die Anzahl der Achsen modular erweiterbar ist. Darüber hinaus ist es ohne Auswirkung auf den Grobinterpolator möglich über die Variation des Feininterpolationstaktes die Bahngeschwindigkeit zu beeinflussen oder sie abhängig von einem externen Ereignis zu steuern. Zusatzaufgaben, die auf diese Weise einfach gelöst werden können, sind z. B.

> —— Anfahren und Abbremsen
> > · mit begrenzter Führungsbeschleunigung (slope)
> > · nach einer vorgegebenen Kennlinie
> > · nach einem bestimmten Algorithmus
>
> —— Vorschub-Override (Änderung der Bahngeschwindigkeit durch den Bediener)
>
> —— adaptive control (z. B. Regelung des Hauptspindeldrehmoments)
>
> —— Ableiten des Feininterpolationstaktes von der Hauptspindelbewegung beim Gewindedrehen und bei der Betriebsart "konstante Schnittgeschwindigkeit".

Im Rahmen der Strukturauswahl muß auch festgelegt werden, ob mit einem festen, für alle Interpolationsabschnitte

gleichen Zeitraster oder mit einem variablen, von den Steuerdaten des jeweiligen Interpolationsabschnittes abhängigen
Zeitraster für die Grobinterpolation gearbeitet werden soll.

Der Vorteil des variablen Zeitrasters besteht darin, daß
das Zeitraster für jeden Interpolationsabschnitt so groß
wie möglich gewählt werden kann. Das Zeitraster wird dabei
entweder durch geometrische Bedingungen (z. B. max. zulässiger Sehnenfehler bei Zirkularinterpolation) oder durch
den Interpolationsbereich des Feininterpolators begrenzt.
Bei einer Wegraster-Feininterpolation mit einem Interpolationsbereich von $(2^l - 1)$ w sind in jedem Feininterpola-
tionsabschnitt 2^l Interpolationszyklen anzustoßen. Ein
variables Zeitraster des Grobinterpolators macht damit
eine Einrichtung zur Variation des Feininterpolatortaktes
notwendig, um die 2^l Feininterpolationszyklen in das aktu-
elle Zeitraster des Grobinterpolators einzupassen. Bei
festem Zeitraster des Grobinterpolators kann diese Einrichtung entfallen. Festes Zeitraster ist zwar mit einer
im Mittel höheren Anstoßfrequenz und dadurch mit einer höheren zeitlichen Belastung des Grobinterpolators verbunden;
da der Grobinterpolator jedoch für den Fall höchster zeit-
licher Belastung dimensioniert werden muß, um Marken am
Werkstück und damit Ausschuß zu verhindern, ist dies kein
wesentlicher Nachteil.

Während sich zweistufige Interpolation mit festverdrahteter
Feininterpolation für eine Realisierung der numerischen
Steuerung mit <u>einem</u> Prozessor <u>mittlerer Leistungsfähig-
keit</u> anbietet, ist die zweistufige Interpolation mit Soft-
ware-Feininterpolation besonders geeignet für eine Lösung
mit <u>einem</u> Prozessor <u>hoher Leistungsfähigkeit</u> oder für eine
Lösung in einem <u>Mehrprozessor</u>-Steuersystem.

Einstufige Interpolation mit Zeitraster-Ausgabe

Einstufige Software-Interpolation erfordert den Anstoß der
Interpolationsprogramme für alle vorgesehenen Interpolations-

arten mit dem durch die Maschinendynamik vorgegebenen engen
Zeitraster und die Lösung aller Zusatzaufgaben, die eine
Beeinflussung der Bahngeschwindigkeit erfordern, durch Variation der Interpolationsparameter. Dies ist bei den heute
üblichen Anforderungen hinsichtlich Bahngeschwindigkeit
und Wegauflösung nur mit Hilfe eines sehr leistungsfähigen
Prozessors möglich.

In <u>Bild 4.8</u> sind die Anwendungsbereiche der verschiedenen
Interpolatorstrukturen zusammengestellt.

Prozessor		Anwendungsbereich			
		festverdrahtete	CNC		MPST[*]
Eigenschaft	Beispiel	NC	ohne | mit zeitkritischen Zusatzaufgaben		
verbindungsprogrammiert	DDA	1	—	—	—
speicherprogrammiert					
∟geringe Leistungsfähigkeit	Intel 8080	—	—	2	—
∟mittlere Leistungsfähigkeit	DEC LSI 11	—	4	3	4
∟hohe Leistungsfähigkeit	TI 9900	—	5	4	5
∟sehr hohe Leistungsfähigkeit	Intel 3000	—	—	5	—

Interpolatorstrukturen

1 einstufig, Hardware, ohne Software-Unterstützung   3 zweistufig, Software + Hardware

2 einstufig, Hardware, mit Software-Unterstützung   4 zweistufig, Software

[*] MPST: Mehrprozessorsteuersystem   5 einstufig, Software

<u>Bild 4.8:</u> Anwendungsbereich der verschiedenen
                Interpolatorstrukturen.

4.3.2   Verfahrensauswahl

Mit der Strukturauswahl ist bereits eine Vorauswahl der
Interpolationsverfahren getroffen, da die einzelnen Gruppen
von Interpolationsverfahren jeweils mit einem bestimmten
Ausgaberaster des Interpolators verknüpft sind (<u>Bild 4.7</u>).
Die weitere Verfahrensauswahl hat getrennt für jede Inter-
polationsstufe zu erfolgen.

Bei der Verfahrensauswahl sind jene Interpolationsverfahren zu bevorzugen, die für alle vorgesehenen Interpola-

tionsarten der jeweiligen Interpolationsstufe geeignet sind
und somit eine Mehrfachausnutzung von Teilen des Interpolators - sei es nun Hardware oder Software - ermöglichen.

Für festverdrahtete Interpolatorstufen hängt der Aufwand
entscheidend von den verfügbaren Bauelementen ab. Lineare
Feininterpolatoren lassen sich derzeit mit dem geringsten
Aufwand nach dem **Pulse-Rate-Multiply-Verfahren** aus programmierbaren Frequenzteilern, die als integrierte Schaltkreise in mittlerer Intergrationsdichte verfügbar sind,
ausführen. Hochintegrierte Bausteine zur Interpolation
nach dem DDA-Verfahren werden zwar hergestellt und verwendet (z. B. im "System 5" der Siemens AG), sind jedoch nicht
im freien Handel erhältlich.

Parabolische Hardware-Feininterpolatoren, die bei gekrümm-
ten Bahnen einen größeren Abstand zwischen den durch Grobinterpolation zu ermittelnden Bahnzwischenpunkten erlauben (<u>Bild 4.1</u>), werden wegen des wesentlich höheren Rea-
lisierungsaufwandes (keine geeigneten Schaltkreise mittlerer oder hoher Integrationsdichte) nicht verwendet.

Verfahren zur Software-Interpolation können sehr unterschiedliche Anforderungen hinsichtlich Speicherplatz
(Programmlänge) und erforderlicher Rechenkapazität aufweisen. Aufgrund der Kostenentwicklung bei Halbleiterspeichern
ist der Einfluß des Speicherplatzes auf die Gesamtkosten
heute wesentlich geringer als noch vor wenigen Jahren.
Obwohl die Leistungsfähigkeit der Kleinrechner in dieser
Zeit stark anstieg, sind durch die Verwendung der im Vergleich dazu weniger leistungsfähigen, aber wesentlich
billigeren Mikroprozessoren Verfahren mit geringeren Anforderungen an die Leistungsfähigkeit vorteilhaft.

In Abschnitt 5 werden mehrere Interpolationsverfahren detailliert behandelt und miteinander verglichen.

4.3.3 Dimensionierung

Beim Dimensionieren eines Interpolators sind die einzelnen Interpolatorstufen getrennt zu betrachten. In <u>Bild 4.9</u> sind die für die Dimensionierung entscheidenden Einflußgrößen zusammengestellt und deren Relevanz bei den verschiedenen Interpolatorstrukturen durch x gekennzeichnet.

Einflußgröße	einstufig		zweistufig			
(Interpolatorstruktur)			grob	fein		Abgrenzung grob/fein
	Weg-raster	Zeit-raster		Weg-raster	Zeit-raster	
Wegauflösung	X	X	X	X	X	X
Koordinatenbereich	X	X	X	–	–	–
Radiusbereich	zirk	zirk	zirk	–	–	zirk
Interpolationsbereich gesamt	X	X	X	–	–	–
Interpolationsbereich fein	–	–	–	X	X	X
Bahngeschwindigkeitsbereich	X	X	X	X	X	X
zulässiger Bahngeschwindigkeitsfehler	X	X	X	X	X	X
zulässige Bahnabweichung	X	X	X	X	X	X
Dynamik des Lageregelkreises	–	X	–	–	X	–

<u>Bild 4.9:</u> Einflußgrößen für das Dimensionieren von Interpolatoren.

Für die Dimensionierung einer neuen NC ist eine Unterscheidung zwischen Koordinatenbereich und Interpolationsbereich nicht mehr erforderlich, da heute verlangt wird, daß der gesamte Verfahrbereich in einem NC-Satz programmiert werden kann. Bei früheren Lösungen wurde aus Aufwandsgründen mit kleinerem Interpolationsbereich gearbeitet. Mit den teilweise verwendeten Wiederholeinrichtungen konnten zwar auch größere Strecken als der Interpolationsbereich auf einmal programmiert, aber nicht jede Position auf ein Weginkrement genau angefahren werden.

Die Kombination der Grenzwerte für Bahngeschwindigkeit v_B und Interpolationsbereich bzw. Verfahrstrecke s führt zu Verfahrzeiten, deren Extremwerte außerhalb des Bereichs für eine sinnvolle Anwendung liegen.

Die Mindestzeit für einen Interpolationsabschnitt ist nach unten beschränkt durch die begrenzte Dynamik des Lageregelkreises sowie durch die Zeit zum Einlesen des nächsten Satzes und seiner Verarbeitung einschließlich der Interpolationsvorbereitung. Ein schneller Lochstreifenleser (z. B. 250 Zeichen pro Sekunde) benötigt bis zu 100 ms, um einen neuen Satz einzulesen. Als Mindestzeit zum Abarbeiten eines Interpolationsabschnitts sind Werte ab 200 ms geeignet, da auch die Zeit zum Verarbeiten der Steuerdaten berücksichtigt werden muß.

Weitgehend unabhängig von den gewählten Interpolationsverfahren läßt sich auch die Aufspaltung in Grob- und Feininterpolation vornehmen. Wesentliches Kriterium für die Abgrenzung zwischen Grob- und Feininterpolation ist neben dem Interpolationsbereich des Feininterpolators der geometrische Fehler bei zirkularer Grobinterpolation mit nachgeschalteter, linearer Feininterpolation.

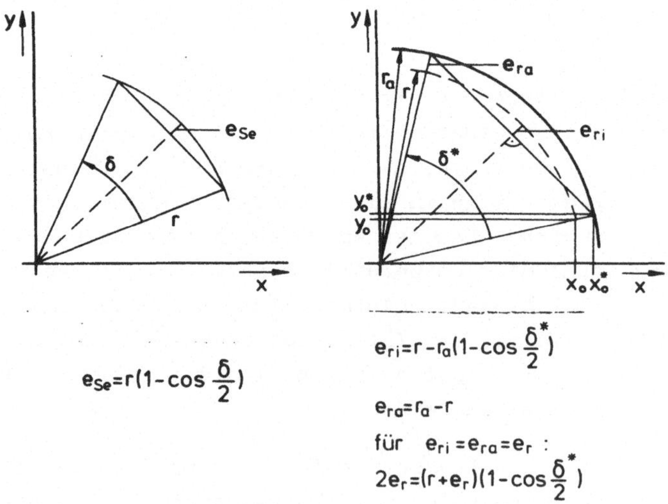

$$e_{Se}=r(1-\cos\frac{\delta}{2})$$

$$e_{ri}=r-r_a(1-\cos\frac{\delta^*}{2})$$

$$e_{ra}=r_a-r$$

für $e_{ri}=e_{ra}=e_r$:

$$2e_r=(r+e_r)(1-\cos\frac{\delta^*}{2})$$

Bild 4.10: Kreisapproximation durch einen Polygonzug.

In __Bild 4.10__ sind zwei Lösungsmöglichkeiten zur Kreisapproximation durch einen Polygonzug dargestellt. Für einen einbeschriebenen Polygonzug ergibt sich bei einem größten zulässigen Radiusfehler e_r aus dem Sehnenfehler

$$e_{Se} = r \left(1 - \cos \frac{\delta}{2} \right)$$

als größter zulässiger Winkelschritt

$$\delta_{max} = 2 \, arc \, \cos \left(1 - \frac{e_r}{r} \right).$$

Beim gleichmäßig eingepaßten Polygonzug entsteht in der Mitte des Geradenabschnitts eine Radiusabweichung nach innen (e_{ri}) und eine Abweichung nach außen (e_{ra}) an den Punkten auf dem Kreis mit Radius r_a. Bei $e_{ri} = e_{ra} = e_r$ ergibt sich ein gleichmäßig eingepaßter Polygonzug mit dem größten zulässigen Winkelschritt

$$\delta^*_{max} = 2 \, arc \, \cos \frac{1 - \dfrac{e_r}{r}}{1 + \dfrac{e_r}{r}} .$$

Voraussetzung für diese Lösung ist, daß die Zirkular-Grobinterpolation für einen Kreis mit dem Radius $r_a = r + e_r$ und dem verschobenen Anfangspunkt P_o^* mit den Koordinatenwerten $x_o^* = \dfrac{2}{1+\cos \frac{\delta^*}{2}} x_o$ und $y_o^* = \dfrac{2}{1+\cos \frac{\delta^*}{2}} y_o$ durchgeführt wird.

Aus $\cos \dfrac{\delta_{max}}{2} = 1 - \dfrac{e_r}{r}$ und $\cos \dfrac{\delta^*_{max}}{2} = \dfrac{1 - \dfrac{e_r}{r}}{1 + \dfrac{e_r}{r}}$ ergibt sich

durch Potenzreihenentwicklung

$$\cos \frac{\delta_{max}}{2} = 1 - \frac{e_r}{r} = 1 - \frac{(\frac{\delta_{max}}{2})^2}{2\,!} + \frac{(\frac{\delta_{max}}{2})^4}{4\,!} - \cdots$$

und

$$\cos \frac{\delta^*_{max}}{2} = \frac{1 - \dfrac{e_r}{r}}{1 + \dfrac{e_r}{r}} = 1 - \frac{(\frac{\delta^*_{max}}{2})^2}{2\,!} + \frac{(\frac{\delta^*_{max}}{2})^4}{4\,!} - \cdots .$$

Für $\dfrac{\delta^{*}_{max}}{\delta_{max}}$ folgt daraus mit $\dfrac{(\frac{\delta_{max}}{2})^4}{4\,!} = \dfrac{\delta^{4}_{max}}{384} \ll 1$ und

$$\dfrac{(\frac{\delta^{*}_{max}}{2})^4}{4\,!} = \dfrac{\delta^{*\,4}_{max}}{384} \ll 1 \quad : \quad \dfrac{\delta^{*}_{max}}{\delta_{max}} \approx \sqrt{\dfrac{2}{1 + \frac{e_r}{r}}},$$

für $\dfrac{e_r}{r} \ll 1$: $\dfrac{\delta^{*}_{max}}{\delta_{max}} \approx \sqrt{2}.$

Die Lösung mit dem gleichmäßig eingepaßten Polygonzug, deren Ausführung mit größerem Aufwand als beim einbeschriebenen Polygonzug verbunden ist, ermöglicht somit einen Winkelschritt δ^{*}_{max}, der höchstens um den Faktor $\sqrt{2}$ größer als der Winkelschritt δ_{max} der einfacheren Lösung ist. Im folgenden wird der einfacheren Lösung mit dem einbeschriebenen Polygonzug der Vorzug gegeben.

<u>Bild 4.11</u> zeigt für ein festes Zeitraster ΔT von 10 ms und 20 ms den Zusammenhang zwischen dem Sehnenfehler e_{Se} bei einbeschriebenem Polygonzug, dem Radius r und der Bahngeschwindigkeit v_B.

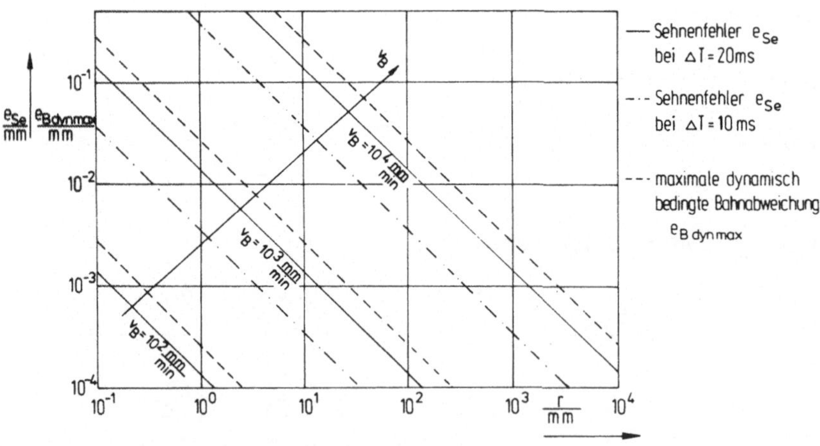

<u>Bild 4.11:</u> Fehler bei einbeschriebenem Polygonzug und festem Zeitraster ΔT.

Zum Vergleich mit dem Sehnenfehler ist auch die größte dynamische Bahnabweichung $e_{Bdyn\ max}$ bei Zirkularinterpolation für einen Lageregelkreis mit den Kenndaten $\omega_{OA} = 100\ \frac{1}{s}$, $D_A = 0,5$ und $K_v = 40\ \frac{1}{s}$ eingetragen. Es ist zu sehen, daß der Sehnenfehler e_{Se} bei einem Zeitraster von 20 ms die Größenordnung der maximalen dynamisch bedingten Bahnabweichung erreicht.

Wird der zulässige Sehnenfehler begrenzt auf die maximal zulässige Radiusabweichung ($e_{Se\ max} = e_{rzul}$), so ergibt sich für kleine Radien eine Beschränkung der maximalen Bahngeschwindigkeit $v_{B\ max}$. In $\underline{Bild\ 4.12}$ ist $v_{B\ max}(r)$ in Abhängigkeit von den Parametern $e_{Se\ max}$ und ΔT_{min} eingezeichnet. Dieses Bild zeigt auch die aus einer Mindestabarbeitungszeit von 200 ms für den Vollkreis folgende Begrenzung von $v_{B\ max}$ (r). Wenn kein Vollkreis, sondern ein kleinerer Kreisbogen durchfahren werden soll, verschiebt sich diese Grenze zu kleineren Bahngeschwindigkeiten hin.

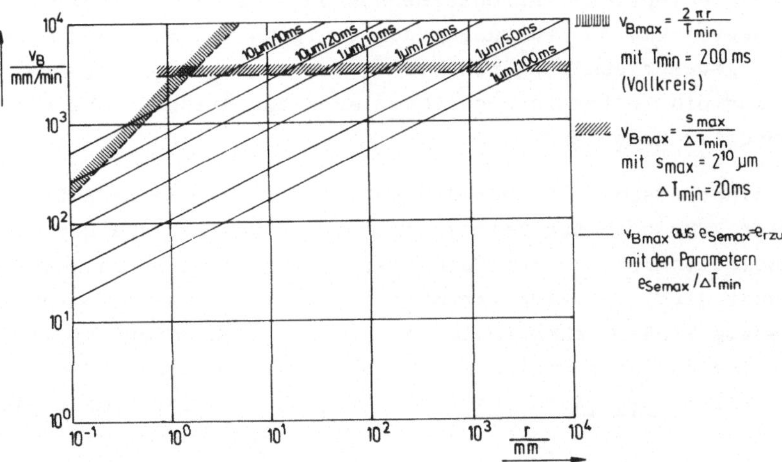

$\underline{Bild\ 4.12:}$ Begrenzung der Bahngeschwindigkeit.

Um einen möglichst großen Wert für die zulässige Bahngeschwindigkeit $v_{B\ max}$ (r) bei Zirkularinterpolation mit vorgegebener Grenze für den Sehnenfehler zu erhalten, sollte das Zeitraster möglichst klein sein (vergl. $\underline{Bild\ 4.12}$).

Andererseits darf der Rechner nur so weit belastet werden, daß die Interpolation im vorgesehenen Zeitraster auch sicher ausgeführt werden kann. Ausgehend von der für einen Prozeßrechner im Echtzeitbetrieb üblichen Grenze für die zeitliche Belastung von ca. 60 % darf die Interpolation im Rechner einer CNC nicht mehr als 30 % bis 40 % der Zeit beanspruchen.

Untersuchungen mit verschiedenen Prozeßrechnern und Mikroprozessoren zeigten, daß ein Zeitraster von 20 ms für die Grobinterpolation ohne Schwierigkeiten eingehalten werden kann. Ein größeres Zeitraster hätte zur Folge, daß der Sehnenfehler größer als der dynamisch bedingte Bahnfehler wird oder die Einschränkung der zulässigen Bahngeschwindigkeit $v_{B\,max}$ (r) unnötig groß wäre. Darüber hinaus führt das 20 ms – Zeitraster bei einem zulässigen Sehnenfehler von 10 μm zu einer maximal zulässigen Bahngeschwindigkeit $v_{B\,max}$ (r), die einer maximalen Beschleunigung von 0,22 $\frac{m}{s^2}$ entspricht. Da Untersuchungen über die Einstellung der Begrenzung der Führungsgeschleunigung auf eine maximale Führungsbeschleunigung von 0,2 $\frac{m}{s^2}$ bis 0,5 $\frac{m}{s^2}$ führten, erscheint ein Zeitraster von 20 ms auch aus dieser Sicht als sinnvoller Kompromiß.

Bei einer Lösung mit Grobinterpolation im variablen Zeitraster läßt sich das Zeitraster so groß wählen, daß der Interpolationsbereich des Feininterpolators jeweils voll ausgenutzt wird. Für Zirkularinterpolation kann das einen unzulässig großen Sehnenfehler zur Folge haben; hier ist somit eine radiusabhängige Beschränkung des Zeitrasters erforderlich. <u>Bild 4.13</u> zeigt das aufgrund des Interpolationsbereichs zulässige Zeitraster und die Beschränkung bei Zirkularinterpolation entsprechend dem aktuellen Radius.

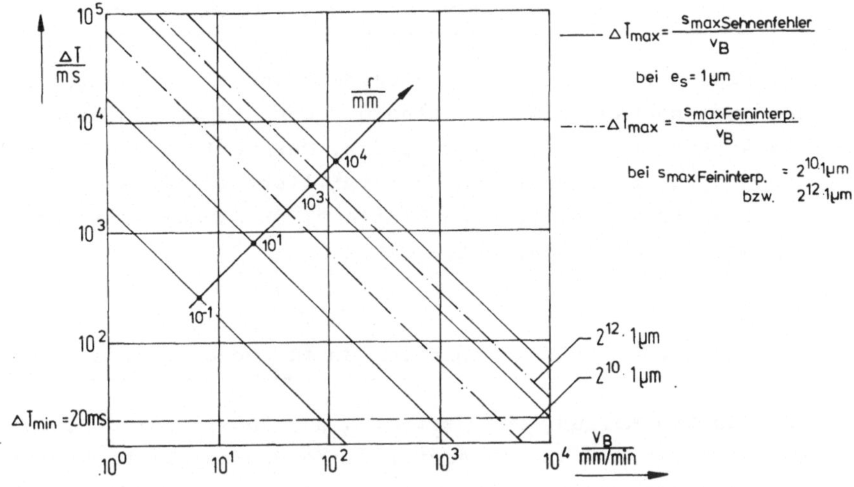

Bild 4.13: Begrenzung des Zeitrasters.

Weitere Grenzen, die beim Dimensionieren eines Interpolators zu beachten sind, können durch Näherung und beschränkte Rechengenauigkeit entstehen. Sie sind abhängig vom jeweiligen Interpolationsverfahren. In den Abschnitten 5 und 6 wird an einigen Beispielen darauf eingegangen.

5   Vergleich ausgewählter Interpolationsverfahren

Aufgrund der vielfältigen Lösungsmöglichkeiten konnten in den oben stehenden Abschnitten nur Gruppen von Interpolationsverfahren vorgestellt werden. Der vorliegende Abschnitt dient dazu, einige Verfahren detailliert zu betrachten und miteinander zu vergleichen hinsichtlich Genauigkeit und Aufwand zur Realisierung.

5.1 Verfahren zur Interpolation durch Rechnerprogramme

Für die Beurteilung von Verfahren zur Interpolation durch Rechnerprogramme ist in erster Linie die zeitliche Belastung des Rechners und erst in zweiter Linie der erforderliche Speicherplatz zu betrachten, da erstere über die Realisierbarkeit der Lösung entscheidet. Die zeitliche Belastung ergibt sich als Quotient aus der Laufzeit des Interpolationsprogramms und dem Anstoßintervall, der Zeit zwischen zwei Aufrufen des Programms.

Die zeitliche Belastung des Rechners läßt sich verringern, indem das Interpolationsprogramm in ein Programm für die Interpolationsvorbereitung, das nur einmal pro Interpolationsabschnitt durchlaufen wird, und ein einfaches Programm für die einzelnen Interpolationszyklen aufgespalten wird.

Während der Interpolationsvorbereitung können die für den gesamten Interpolationsabschnitt gültigen Daten zu Parametern des Programms für die Interpolationszyklen aufbereitet werden. Eine typische Aufgabe der Interpolationsvorbereitung ist es, die Schrittweite entsprechend der programmierten Bahngeschwindigkeit festzulegen.

Der Aufwand zur Realisierung eines Interpolationsverfahrens ist für die einzelnen Interpolationsarten sehr unterschied-

lich. Während die Linearinterpolation mit relativ geringem
Aufwand zu lösen ist, stellt die Zirkularinterpolation
hier die höchsten Anforderungen. Deshalb werden verschiedene Lösungsmöglichkeiten zur Zirkularinterpolation durch
Rechnerprogramme aufgezeigt und anhand einer Aufwands- und
Fehlerbetrachtung miteinander verglichen. Wie in Abschnitt
4.2 gezeigt, kommen zur Zeitraster-Interpolation, die bei
Lösung durch Rechnerprogramme anzuwenden ist, nur die Interpolation durch direkte oder rekursive Funktionsberechnung in Betracht.

Ausgangspunkt für die Interpolation durch direkte oder
rekursive Funktionsberechnung ist die Beschreibung der
Raumkurve in Parameterform. Bei kreisförmiger Bahn treten
als Parameter die Bogenlänge b (identisch mit dem Weg s)
oder der Winkel φ , der proportional zur Bogenlänge b ist,
auf. Die erwünschte konstante Bahngeschwindigkeit v_B läßt
sich bei gleichen Zeitabständen ΔT zwischen den einzelnen
Interpolationszyklen durch den Zuwachs für den Bahnparameter einstellen. Für den Winkelschritt δ , den Zuwachs
des Winkels φ zwischen zwei Interpolationszyklen, lautet
die entsprechende Gleichung

$$\delta = v_B \frac{\Delta T}{r} \qquad \text{(vergleiche \underline{Bild 5.1})}.$$

Der Bereich für den Winkelschritt δ ist durch die Wertebereiche für den Radius, die Bahngeschwindigkeit und das
Zeitraster von vornherein begrenzt (Bild 5.2). Weitere Ein-
schränkungen ergeben sich aus den Grenzen für die Abarbeitung eines Interpolationsabschnittes und die auftretenden Fehler. Die vom Interpolationsverfahren unabhängigen
Fehler sind in Bild 5.2 eingetragen, auf die verfahrens-
abhängigen wird in den folgenden Abschnitten eingegangen.

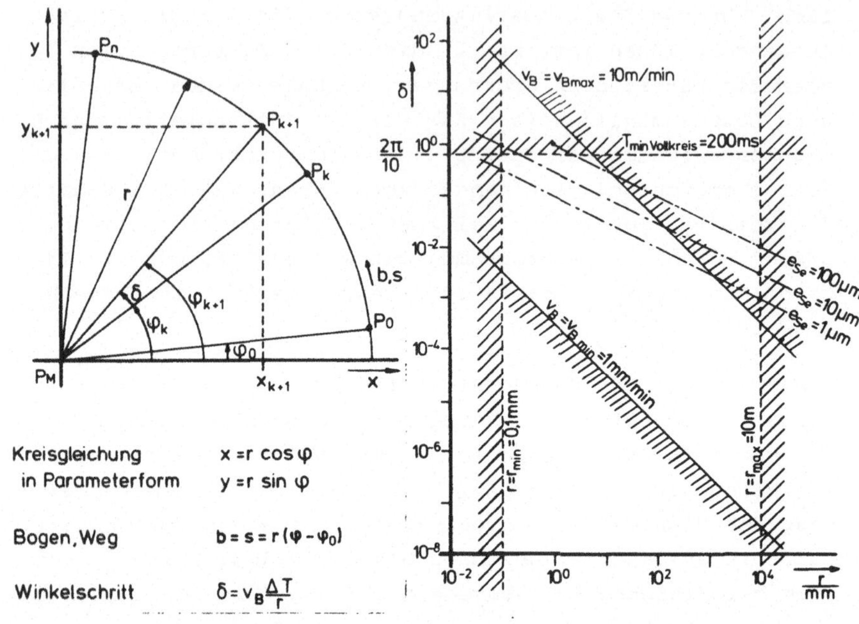

Kreisgleichung $x = r \cos \varphi$

in Parameterform $y = r \sin \varphi$

Bogen, Weg $b = s = r (\varphi - \varphi_0)$

Winkelschritt $\delta = v_B \dfrac{\Delta T}{r}$

Bild 5.1: Winkelschritt bei Zirkularinterpolation mit festem Zeitraster ΔT.

Bild 5.2: Bereich für den Winkelschritt bei einem Zeitraster von 2o ms.

Ungenauigkeiten beim Berechnen von δ gehen nur als Bahngeschwindigkeitsfehler ein. Die Genauigkeitsanforderungen an die Parameterberechnung sind entsprechend gering. Im folgenden wird der Winkelschrittfehler e_δ zu null angenommen.

5.1.1 Direkte Funktionsberechnung mit Approximation der trigonometrischen Funktionen durch abgebrochene Potenzreihen

Bei Zirkularinterpolation durch direkte Funktionsberechnung ist zunächst im Rahmen der Interpolationsvorbereitung aus den vorgegebenen Steuerdaten der Radius r, der Anfangswin-

kel φ_o und der Winkelschritt δ zu bestimmen. Als erster
Schritt des Interpolationszyklusses muß jeweils der neue
Wert des Parameters φ

$$\varphi_{k+1} = \varphi_k + \delta$$

ermittelt werden, bevor die Koordinantenwerte x_{k+1} und
y_{k+1} berechnet werden können.

Abgebrochene Potenzreihen als Approximation der trigonometrischen Funktionen führen zu den Interpolationsgleichungen

$$x_{k+1} = r\left(1 - \frac{\varphi_{k+1}^2}{2!} + \frac{\varphi_{k+1}^4}{4!} - \ldots + (-1)^{n+1} \frac{\varphi_{k+1}^{2(n-1)}}{2(n-1)!}\right)$$

$$y_{k+1} = r\left(\varphi_{k+1} - \frac{\varphi_{k+1}^3}{3!} + \frac{\varphi_{k+1}^5}{5!} - \ldots + (-1)^{m+1} \frac{\varphi_{k+1}^{2(m-1)}}{2(m-1)!}\right)$$

wobei n und m die Anzahl der Glieder der abgebrochenen
Reihen für $\cos\varphi$ bzw. $\sin\varphi$ sind. Werden sowohl die Reihe
für die Sinusfunktion als auch die Reihe für die Cosinusfunktion verwendet, so kann das Intervall auf den Bereich
$0 \leqq \varphi \leqq \frac{\pi}{4}$ beschränkt werden. Mit Hilfe der trigonometrischen
Grundbeziehungen lassen sich alle Werte für den Vollkreis
berechnen.

n und m legen die Güte der Näherung bzw. den systematischen
Fehler der Interpolationsgleichung (e_{bIN}) fest. Sie sind
anhand einer Fehlerbetrachtung der geforderten Genauigkeit
entsprechend zu bestimmen. Die alternierenden Reihen der
Sinus- und der Cosinusfunktion erfüllen das Leibniz'sche
Konvergenzkriterium /28/.
Zur Restglied-Abschätzung kann deshalb jeweils das erste
weggelassene Glied der abgebrochenen Reihe herangezogen
werden:

$$\left|e_{\sin\varphi}\right| < \frac{\varphi^{2m+1}}{(2m+1)!} \qquad \text{bzw.} \qquad \left|e_{\cos\varphi}\right| < \frac{\varphi^{2n}}{(2n)!}.$$

Die Tabelle in __Bild 5.3__ zeigt für mehrere Werte von n bzw. m den Betrag des Gliedes n + 1 bzw. m + 1 für $\varphi = \varphi_{max} = \frac{\pi}{4}$ und damit die obere Schranke des Approximationsfehlers $e_{\sin\varphi}$ bzw. $e_{\cos\varphi}$.

Sind für $\left|e_x\right|$ und $\left|e_y\right|$ als systematischer Fehler der Interpolationsgleichung (e_{bIN}) jeweils eine Wegeinheit w zugelassen, dann gilt

$$\left|e_{\sin\varphi}\right| \leqq \frac{w}{r_{max}} \qquad \text{und} \qquad \left|e_{\cos\varphi}\right| \leqq \frac{w}{r_{max}}.$$

Für $r_{max} = 2^{24}$ w kann aus __Bild 5.3__ mit $2^{-24} \approx 5{,}96 \cdot 10^{-8}$ abgelesen werden, daß beide Reihen nach dem fünften Glied abgebrochen werden dürfen.

n bzw. m	3	4	5	6
$\left|e_{\sin\varphi}\right|_{max}$	$3{,}66\cdot10^{-5}$	$3{,}13\cdot10^{-7}$	$1{,}76\cdot10^{-9}$	$6{,}95\cdot10^{-12}$
$\left|e_{\cos\varphi}\right|_{max}$	$3{,}26\cdot10^{-4}$	$3{,}59\cdot10^{-6}$	$2{,}46\cdot10^{-8}$	$1{,}15\cdot10^{-10}$

$$\left|e_{\sin\varphi}\right|_{max} = \frac{\varphi_{max}^{2m+1}}{(2m+1)!} \qquad \left|e_{\cos\varphi}\right|_{max} = \frac{\varphi_{max}^{2n}}{(2n)!} \qquad \varphi_{max} = \frac{\pi}{4}$$

. n,m : Anzahl der Glieder der abgebrochenen Potenzreihe

__Bild 5.3:__ Approximationsfehler bei Darstellung trigonometrischer Funktionen durch abgebrochene Potenzreihen.

Bei der Berechnung der trigonometrischen Funktionen durch Potenzreihen tritt neben dem Approximationsfehler infolge Abbruch der Reihe je nach Ausführung auch ein Rundungsfehler oder ein Abbruchfehler auf (vergleiche Abschnitt 4.1.6). Der größtmögliche Betrag dieses Fehleranteils läßt sich mit den Grundregeln zur Fehlerfortpflanzung berechnen /25/.

Ursache des Rundungs- und des Abbruchfehlers ist das Rechnen mit beschränkter Stellenzahl. Da Mikroprozessoren und Kleinrechner, wie sie in numerischen Steuerungen verwendet werden, im allgemeinen keine festverdrahtete Gleitkomma-Arithmetik und auch keine Rundung enthalten, die software-mäßige Ausführung jedoch zeitaufwendig und deshalb wenig geeignet für die zeitkritische Interpolation ist, wird im folgenden das Rechnen in Festkomma-Darstellung mit Abbruch der Produkte unterstellt.

Wenn keine Bereichsüberschreitung auftritt, sind Addition und Subtraktion zweier Festkommazahlen fehlerfrei. Bei der Multiplikation erhält man ein exaktes Ergebnis mit doppelter Stellenzahl. Schneidet man die Hälfte der Stellen des Produkts ohne Rundung ab, so entsteht ein Abbruchfehler e_{Ab}, dessen Betrag kleiner als die Wertigkeit der letzten weiterverwendeten Stelle ist.

Im vorliegenden Fall kann die Festkomma-Darstellung mit dem Skalierungsfaktor SF = 1 /25/ angewendet werden, da sowohl der größte Wert für den Winkel ($\varphi_{max} = \frac{\pi}{4}$) als auch die Faktoren der einzelnen Potenzreihenglieder < 1 sind. Wird ein Produkt zweier l-stelliger Dualzahlen nach l Stellen abgebrochen, so entsteht ein Abbruchfehler, dessen Betrag kleiner als die Wertigkeit der Stelle l ist. Bei Festkomma-Darstellung mit SF = 1 ist der Abbruchfehler dann $< 2^{-l}$.

Untenstehend ist der größtmögliche Betrag e' der Fehler für die beiden ersten Glieder der Potenzreihen angegeben. Dabei ist unterstellt, daß der Winkelschritt δ exakt sei und die konstanten Faktoren der Potenzreihenglieder durch Rundung bis auf einen Fehler $< 2^{-(l+1)}$ bekannt sind.

$$e'_{\varphi} = 0$$

$$e'_{\frac{\varphi^2}{2!}} = e'_{\varphi^2} \cdot \frac{1}{2!} + e'_{\frac{1}{2!}} \cdot \varphi^2 + 2^{-1}$$

$$= (e'_{\varphi} \cdot \varphi + e'_{\varphi} \cdot \varphi + 2^{-1}) \frac{1}{2!} + 2^{-(1+1)} \cdot \varphi^2 + 2^{-1}$$

$$= (\frac{1}{2!} + \frac{\varphi^2}{2} + 1) \, 2^{-1}$$

usw.

Bestehen die abgebrochenen Potenzreihen aus je 5 Gliedern, so ergibt sich für $\varphi = \varphi_{max} = \frac{\pi}{4}$ der größtmögliche Betrag des Fehlers zu

$$e'_{\sin\varphi} = 4{,}86 \cdot 2^{-1} \quad \text{bzw.} \quad e'_{\cos\varphi} = 5{,}28 \cdot 2^{-1}.$$

Um eine vorgegebene Fehlerschranke einhalten zu können, sind demnach drei Stellen mehr als die dem Dualäquivalent der Fehlerschranke entsprechende Stellenzahl zu verwenden.

Beispiel: Für $|e_{\sin\varphi}|$, $|e_{\cos\varphi}| < 2^{-24}$ sind

$$l = 27 \text{ Stellen notwendig.}$$

5.1.2 Rekursive Funktionsberechnung mit einer Rekursion erster Ordnung

Aus den bekannten Beziehungen für die trigonometrischen Funktionen der Summe zweier Winkel

$$\sin (\varphi + \delta) = \sin \varphi \cdot \cos \delta + \cos \varphi \cdot \sin \delta$$
$$\cos (\varphi + \delta) = \cos \varphi \cdot \cos \delta - \sin \varphi \cdot \sin \delta$$

lassen sich Gleichungen zur Zirkular-Interpolation durch eine Rekursion 1. Ordnung ableiten.

Aus $\qquad x_{k+1} = r \cdot \cos \varphi_{k+1}$

und $\qquad y_{k+1} = r \cdot \sin \varphi_{k+1}$

wird mit $\quad \varphi_{k+1} = \varphi_k + \delta$

und den trigonometrischen Funktionen der Summe zweier Winkel

$$x_{k+1} = r \cdot \cos \varphi_k \cdot \cos \delta - r \cdot \sin \varphi_k \cdot \sin \delta$$

und $\qquad \dot{y}_{k+1} = r \cdot \sin \varphi_k \cdot \cos \delta + r \cdot \cos \varphi_k \cdot \sin \delta$

bzw. $\qquad x_{k+1} = x_k \cdot \cos \delta - y_k \cdot \sin \delta$

$$y_{k+1} = y_k \cdot \cos \delta + x_k \cdot \sin \delta$$

Die Koordinaten des nächsten Punktes (P_{k+1}) können aus den
Koordinatenwerten des aktuellen Punktes P_k berechnet werden
unter Verwendung der trigonometrischen Funktionen des Win-
kelschrittes δ . Bei dieser Interpolationsgleichung entfällt
im Vergleich mit der direkten Funktionsberechnung die Notwen-
digkeit, den Anfangswinkel φ_o zu ermitteln. Da der Radius nur
zur Berechnung des Winkelschritts bei der Interpolationsvorbereitung benötigt wird und ein Fehler des Winkelschritts
sich nur als Bahngeschwindigkeitsfehler auswirkt, ist es
ausreichend, den Radius mit einer dem zulässigen Bahngeschwindigkeitsfehler entsprechenden Genauigkeit zu bestimmen.

Die oben angegebene Interpolationsgleichung enthält keinen
systematischen Fehler; sie ist mathematisch exakt. Zur Anwendung sind jedoch die trigonometrischen Funktionen des
Winkelschritts zu berechnen. Bei Zeitraster-Interpolation
wird mit konstantem Winkelschritt während eines Interpolationsabschnittes gearbeitet, so daß diese Berechnung als Teil
der Interpolationsvorbereitung nur einmal je Interpolationsabschnitt auszuführen ist. Da der Winkelschritt δ nur kleine Werte annimmt ($\delta \ll 1$), sind hier einfachere Näherungen
als in Abschnitt 5.1.1 ausreichend.

5.1.2.1 Näherung erster Ordnung

Eine Näherung erster Ordnung für die trigonometrischen
Funktionen ($\sin\delta \approx \delta$ und $\cos\delta \approx 1$) führt zu den Interpolationsgleichungen

$$x_{k+1} = x_k - \delta\, y_k$$
$$y_{k+1} = y_k + \delta\, x_k .$$

Der in dieser Interpolationsgleichung enthaltene systematische Fehler hat einen Radiusfehler sowie einen Winkelschrittfehler zur Folge. Von P_k nach P_{k+1} ändert sich der
Radius um

$$r_{k+1} - r_k = (\sqrt{1 + \delta^2} - 1)\, r_k \qquad (\underline{\text{Bild 5.4}}).$$

Bezogen auf den Anfangspunkt mit dem Radius r_0 gilt für
den Radiusfehler im Punkt P_k

$$e_{r_k} = \left[(1 + \delta^2)^{\frac{k}{2}} - 1 \right] r_0$$

und für den Vollkreis mit der Schrittzahl $n = \frac{2\pi}{\delta}$

$$e_{r_n} = \left[(1 + \delta^2)^{\frac{\pi}{\delta}} - 1 \right] r_0 .$$

Für einen größten zulässigen Radiusfehler e_{rzul} folgt daraus
eine Einschränkung für den größten Winkelschritt, für welchen näherungsweise gilt

$$\delta_{max} \approx \frac{1}{\pi} \frac{e_{rzul}}{r} .$$

In $\underline{\text{Bild 5.5}}$ ist die obere Grenze für den Winkelschritt δ
aufgrund des systematischen Fehlers mit dem Parameter e_{rzul}
dargestellt. Ein Vergleich mit $\underline{\text{Bild 5.2}}$ zeigt, daß das
Verfahren wegen seines großen systematischen Fehlers nicht
zur Grobinterpolation mit einem Zeitraster von 20 ms geeignet ist. Hier erreicht der Radiusfehler bei einer Bahnge-

schwindigkeit von 1 mm/min bereits den Wert $e_r = 1\,\mu m$.

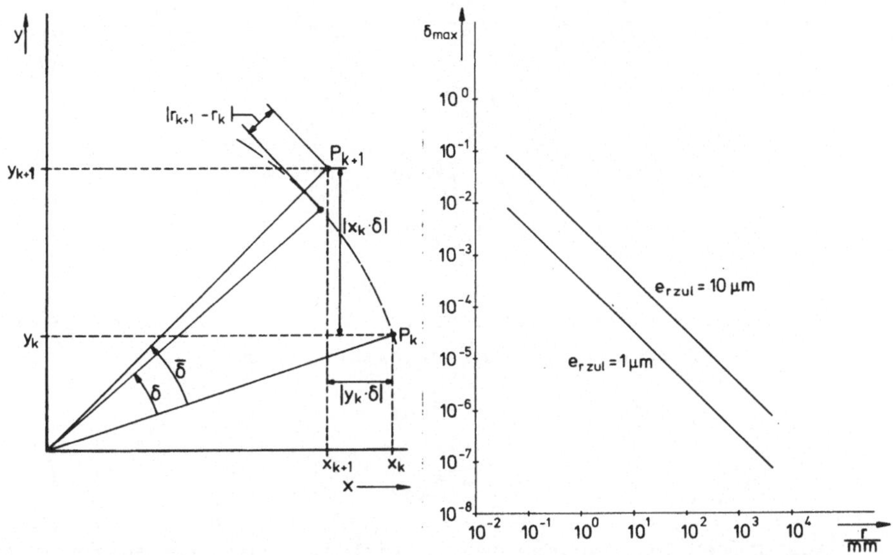

Bild 5.4: Systematischer Fehler bei Rekursion erster Ordnung mit Näherung erster Ordnung.

Bild 5.5: Maximaler Winkelschritt aufgrund des systematischen Fehlers.

Bei einstufiger Interpolation ist zwar das Zeitraster und damit auch der Winkelschritt um den Faktor 2 bis 10 kleiner, hier ist jedoch infolge der größeren Schrittzahl der Einfluß des Abbruchfehlers entsprechend größer. Deshalb wird im folgenden der Abbruchfehler und seine Fortpflanzung durch die rekursive Interpolationsgleichung betrachtet.

Unter Beachtung des Abbruchfehlers e_{Ab} lautet die Interpolationsgleichung für die Rekursion erster Ordnung mit einer Näherung erster Ordnung (siehe oben)

$$x_{k+1} = x_k - (\, \delta\, y_k - e_{Ab1}) = x_k - \delta\, y_k + e_{Ab1} = F_1\,(x_k,\, y_k)$$

$$y_{k+1} = y_k + (\, \delta\, x_k - e_{Ab2}) = y_k + \delta\, x_k - e_{Ab2} = F_2\,(x_k,\, y_k).$$

Aus dem totalen Differential

$$dx_{k+1} = \frac{\partial F_1}{\partial x_k}\, dx_k + \frac{\partial F_1}{\partial y_k}\, dy_k + \frac{\partial F_1}{\partial \delta}\, d\delta + \frac{\partial F_1}{\partial e_{Ab1}}\, de_{Ab1}$$

folgt der Fehler in x_{k+1} zu

$$e_{x_{k+1}} = e_{x_k} - \delta\, e_{y_k} - y_k\, e_\delta + e_{Ab1}$$

bzw. $e_{y_{k+1}} = e_{y_k} - \delta\, e_{x_k} + x_k\, e_\delta + e_{Ab2}.$

Bei einem exakten Winkelschritt, d. h. $e_\delta = 0$, vereinfachen sich diese rekursiven Fehlergleichungen zu

$$e_{x_{k+1}} = e_{x_k} - \delta\, e_{y_k} + e_{Ab1}$$

$$e_{y_{k+1}} = e_{y_k} + \delta\, e_{x_k} - e_{Ab2} .$$

Aus diesen Gleichungen lassen sich rekursiv die aufgrund des Abbruchfehlers entstandenen Fehler der Koordinatenwerte nach k Interpolationszyklen sowie der zugehörige Radiusfehler $e_{rk} = \sqrt{e_{xk}^2 + e_{yk}^2} \cdot \cos\left(\varphi - \arctan \frac{e_{yk}}{e_{y_k}}\right)$ (vergleiche Bild 5.6) berechnen.

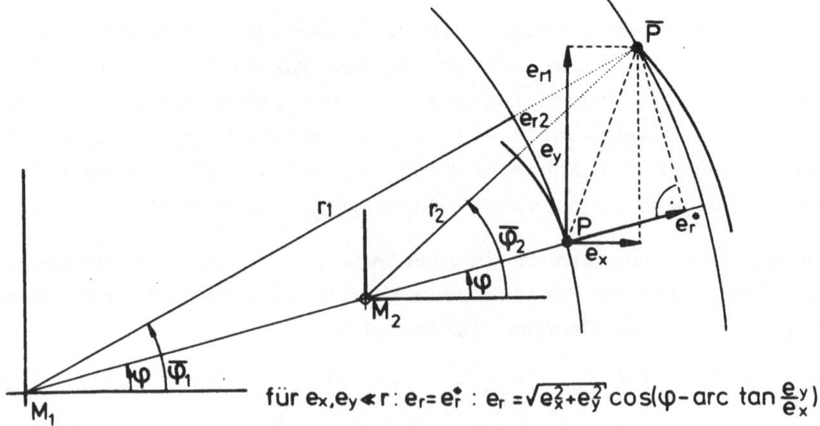

Bild 5.6: Berechnung des Radiusfehlers aus den Fehlern der Koordinatenwerte.

Die in <u>Bild 5.7</u> dargestellten Ergebnisse wurden durch Berechnung des Radiusfehlers bei Interpolation eines Vollkreises mit φ_o = 0 und verschiedenen Winkelschritten auf einer Datenverarbeitungsanlage (DVA) ermittelt. Als Abbruchfehler e_{Ab1} und e_{Ab2} sind dabei gleichverteilte Zufallszahlen RN verwendet worden, für deren Betrag den Ausführungen in Abschnitt 5.1.1 entsprechend gilt $0 \leqq |RN| < 2^{-1}$.

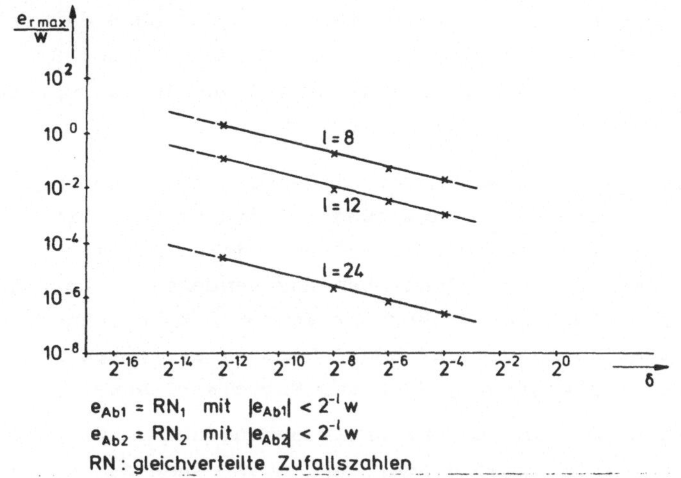

<u>Bild 5.7</u>: Maximaler Radiusfehler aufgrund des Abbruchfehlers bei Rekursion erster Ordnung mit Näherung erster Ordnung.

Da die für numerische Steuerungen geeigneten Mikroprozessoren und Kleinrechner ohne Mikroprogramm keine Multiplikation in Zweierkomplement-Darstellung erlauben, wurde die getrennte Verarbeitung von Betrag und Vorzeichen unterstellt. Für diesen Fall ist der Betrag eines abgeschnittenen Produktes entweder exakt (e_{Ab} = 0) oder zu klein. Bei positivem Winkelschritt δ ist das Vorzeichen der Abbruchfehler e_{Ab1} und e_{Ab2} des hier behandelten Interpolationsverfahrens gleich dem Vorzeichen des zugehörigen Koordinatenwertes (siehe Interpolationsgleichung auf Seite 96). Somit gilt hier

$$\text{sign } e_{Ab1} = \text{sign } y_k$$

$$\text{sign } e_{Ab2} = \text{sign } x_k \; .$$

Der in **Bild 5.7** dargestellte Zusammenhang zwischen Winkelschritt δ und maximalem Radiusfehler aufgrund des Abbruchfehlers $e_{r\,max}$ konnte durch Variation des Winkelschritts und des größtmöglichen Betrages des Abbruchfehlers $(2^{-1} \cdot w)$ – das entspricht der Wertigkeit der letzten Stelle nach dem Abbruch eines Produktes – gewonnen werden. Für den größtmöglichen Betrag des Abbruchfehlers wurden Werte verwendet, die sich aus einer Datenbreite von 32, 36 oder 48 bit bei Festkommadarstellung mit einem Skalierungsfaktor SF = 24 – einem Bereich der Koordinatenwerte von 10^7 entsprechend (vergl. Abschnitt 3.2.2) – ergeben.

In **Bild 5.7** ist jeweils der Mittelwert des größten auftretenden Fehlers $e_{r\,max}$ aus zwanzig Rechenläufen mit jeweils neuen Zufallszahlen wiedergegeben. Mit Hilfe der bei einer kleinen Anzahl von Stichproben anzuwendenden t-Verteilung /32/ wurde für eine Sicherheit von 99,9 % berechnet, daß die tatsächlich zu erwartenden Werte des größten Radiusfehlers um höchstens $\pm$ 24 % vom Mittelwert abweichen.

Bei einem anderen Weg zur Untersuchung der Auswirkung des Abbruchfehlers auf die Koordinatenwerte und den Radius geht man davon aus, daß bei jeder Multiplikation der größtmögliche Abbruchfehler auftritt $(e_{Ab1} = e_{Ab2} = e_{Ab\,max} = 2^{-1} \cdot w)$. Für diese Annahme können aus den beiden gekoppelten, rekursiven Fehlergleichungen durch Entkopplung zwei Rekursionsgleichungen zweiter Ordnung mit konstanter Erregungsfunktion gebildet werden:

$$e_{x_{k+2}} - 2\,e_{x_{k+1}} + (1 + \delta^2)\,e_{x_k} = \delta\,e_{Ab\,max}$$

$$e_{y_{k+2}} - 2\,e_{y_{k+1}} + (1 + \delta^2)\,e_{y_k} = \delta\,e_{Ab\,max} \; .$$

Nach /28/ lassen sich lineare Rekursionsgleichungen zweiter Ordnung mit konstanter Erregungsfunktion entsprechend der von der Lösung linearer partieller Differentialgleichungen bekannten Methode lösen, d. h. in eine explizite Gleichung umformen. Mit dem Ansatz $e_{x_k} = \lambda^k$ ergibt sich die Lösung

der homogenen Rekursionsgleichung bei konjugiert komplexen
Eigenwerten der charakteristischen Gleichung

$$\lambda_{1,2} = g \pm j\,h$$

zu
$$e_{x_k} = C_1 \cdot \rho^k \cdot \cos(k\,\Theta + C_2)$$

mit
$$\rho = g^2 + h^2, \quad \sin\Theta = h \quad \text{und} \quad \cos\Theta = g.$$

Für die oben stehende Fehlergleichung ist

$$\lambda_{1,2} = 1 \pm j\,\delta$$

und
$$e_{x_k} = C_1\,(1+\delta^2)^{k/2}\,\cos(k \cdot \arctan\delta + C_2).$$

Eine spezielle Lösung der inhomogenen Gleichung ergibt sich
mit dem Ansatz

$$e_{x_k} = C_3 \cdot \delta\, e_{\text{Ab max}}$$

zu
$$e_{x_k} = \frac{1}{\delta}\, e_{\text{Ab max}}.$$

Die allgemeine Lösung der rekursiven Fehlergleichung für x
lautet damit

$$e_{x_k} = C_1(1 + \delta^2)^{k/2}\,\cos(k \cdot \arctan\delta + C_2) + \frac{1}{\delta}\, e_{\text{Ab max}}.$$

Entsprechend gilt für y

$$e_{y_k} = C_4(1 + \delta^2)^{k/2}\,\cos(k \cdot \arctan\delta + C_5) + \frac{1}{\delta}\, e_{\text{Ab max}}.$$

Da die Koordinatenwerte des Anfangspunktes eines Interpolationsabschnittes vorgegeben werden, sind die Fehler dieser
Koordinatenwerte

$$e_{x_o} = e_{y_o} = 0.$$

Aus den rekursiven Fehlergleichungen folgt für k = o

$$e_{x_1} = e_{\text{Ab max}} \quad \text{und} \quad e_{y_1} = -\,e_{\text{Ab max}}.$$

Mit diesen Randbedingungen ergeben sich die expliziten
Fehlergleichungen für das im vorliegenden Abschnitt be-
trachtete Interpolationsverfahren zu

$$e_{x_k} = -\frac{1}{\delta}\sqrt{2}\ e_{Ab\ max}\ (1 + \delta^2)^{k/2}\ \cos(k \cdot \arctan \delta + \frac{\pi}{4})$$
$$+ \frac{1}{\delta}\ e_{Ab\ max}$$

$$e_{y_k} = -\frac{1}{\delta}\sqrt{2}\ e_{Ab\ max}(1 + \delta^2)^{k/2}\ \cos(k \cdot \arctan \delta - \frac{\pi}{4})$$
$$+ \frac{1}{\delta}\ e_{Ab\ max} .$$

Aus diesen Gleichungen lassen sich die bei maximalem Abbruchfehler entstehenden Fehler der Koordinatenwerte an einer
beliebigen Stelle k und daraus mit Hilfe der in <u>Bild 5.6</u>
angegebenen Gleichung der zugehörige Radiusfehler e_{r_k} berechnen. Ein Vergleich mit den in <u>Bild 5.7</u> wiedergegebenen
Ergebnissen zeigte, daß der Radiusfehler beim vorliegenden
Extremfall — größtmöglicher Abbruchfehler bei jedem Schritt —
etwa doppelt so groß ist wie beim realistischen Fall mit
gleichverteilten Zufallszahlen für den Abbruchfehler.

Nach der Untersuchung weiterer rekursiver Interpolationsverfahren werden die Ergebnisse der Fehlerberechnung in
Abschnitt 5.1.4 miteinander verglichen und bewertet.

5.1.2.2   Näherung zweiter Ordnung

Bei einer Näherung zweiter Ordnung für die trigonometrischen
Funktionen ($\sin \delta \approx \delta$ und $\cos \delta \approx 1 - \frac{\delta^2}{2}$) lauten die Glei-
chungen zur Zirkularinterpolation durch Rekursion erster
Ordnung

$$x_{k+1} = x_k\ (1 - \frac{\delta^2}{2}) - \delta\ y_k$$

$$y_{k+1} = y_k\ (1 - \frac{\delta^2}{2}) - \delta\ x_k .$$

Aufgrund der Näherung weist der Radius im Punkt P_k einen systematischen Fehler

$$e_{r_k} = \left[(1 + \frac{\delta^4}{4})^{k/2} - 1 \right] r_o$$

auf. Für den Vollkreis mit der Schrittzahl $n = \frac{2\pi}{\delta}$ folgt

$$e_{r_n} = \left[(1 + \frac{\delta^4}{4})^{\pi/\delta} - 1 \right] r_o.$$

Daraus ergibt sich für den größten zulässigen Winkelschritt δ_{max} näherungsweise

$$\delta_{max} \approx \sqrt[3]{\frac{4}{\pi} \frac{e_{rzul}}{r_o}},$$

wie in <u>Bild 5.8</u> dargestellt. Ein Vergleich mit <u>Bild 5.5</u> macht die erreichte Verbesserung deutlich. Bei gleichem zulässigem Radiusfehler e_{rzul} sind wesentlich größere Winkelschritte erlaubt.

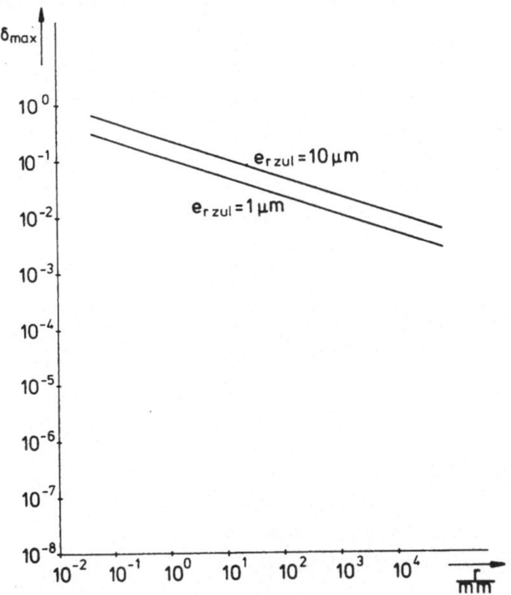

<u>Bild 5.8:</u> Maximaler Winkelschritt δ_{max} aufgrund des systematischen Fehlers bei Rekursion erster Ordnung mit Näherung zweiter Ordnung.

Unter Beachtung des bei jeder Multiplikation entstehenden Abbruchfehlers e_{Ab} lauten die Interpolationsgleichungen

$$x_{k+1} = x_k(1 - \frac{\delta^2}{2}) - y_k \delta + x_k \cdot e_{Ab1} - e_{Ab2} + e_{Ab3}$$

$$y_{k+1} = y_k(1 - \frac{\delta^2}{2}) + x_k \delta + y_k \cdot e_{Ab4} - e_{Ab5} - e_{Ab6} .$$

Daraus folgen die rekursiven Fehlergleichungen zu

$$e_{x_{k+1}} = (1 - \frac{\delta^2}{2} + e_{Ab1}) e_{x_k} - \delta e_{y_k} - e_{Ab2} + e_{Ab3}$$

$$e_{y_{k+1}} = (1 - \frac{\delta^2}{2} + e_{Ab4}) e_{y_k} + \delta e_{x_k} - e_{Ab5} - e_{Ab6} .$$

<u>Bild 5.9</u> zeigt den Mittelwert des maximalen Radiusfehlers von jeweils zwanzig Rechenläufen mit $\varphi_o = 0$ in Abhängigkeit vom Winkelschritt und dem größtmöglichen Betrag des Abbruchfehlers $|e_{Abk}|$ mit gleichverteilten Zufallszahlen für die Abbruchfehler e_{Ab1} bis e_{Ab6}. Für eine Sicherheit von 99,9 % weichen die tatsächlich zu erwartenden Werte des maximalen Radiusfehlers um höchstens 7 % vom Mittelwert ab.

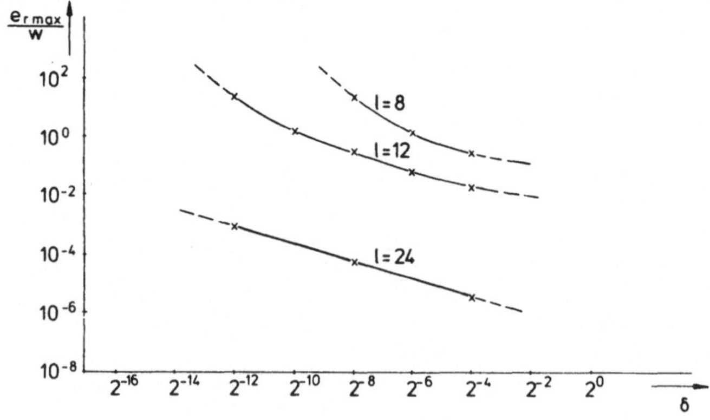

Bild 5.9: Maximaler Radiusfehler aufgrund des Abbruchfehlers bei Rekursion erster Ordnung mit Näherung zweiter Ordnung.

5.1.3 Rekursive Funktionsberechnung durch Rekursion zweiter Ordnung

Die bisher gezeigten Lösungsmöglichkeiten zur Zirkularinterpolation weisen entweder einen großen systematischen Fehler auf, der sich auch als Radiusfehler bemerkbar macht (5.1.2.1), oder sie erfordern bei jedem Interpolationszyklus mindestens zwei Multiplikationen pro Koordinate (5.1.2.2).

Aus den trigonometrischen Grundgleichungen für die Funktionen der Summe zweier Winkel

$$\sin (\varphi + \delta) = \sin \varphi \, \cos \delta + \cos \varphi \, \sin \delta$$

$$\cos (\varphi + \delta) = \cos \varphi \, \cos \delta - \sin \varphi \, \sin \delta$$

und für die Produkte trigonometrischer Funktionen

$$\sin \varphi \, \sin \delta = \tfrac{1}{2} \, \cos (\varphi - \delta) - \cos (\varphi + \delta)$$

$$\cos \varphi \, \cos \delta = \tfrac{1}{2} \, \cos (\varphi - \delta) + \cos (\varphi + \delta)$$

$$\sin \varphi \, \cos \delta = \tfrac{1}{2} \, \sin (\varphi - \delta) + \sin (\varphi + \delta)$$

können ausgehend von den Gleichungen für die Koordinatenwerte

$$x_k = r \cos \varphi_k = r \cos (\varphi_o + k\delta)$$

$$y_k = r \sin \varphi_k = r \sin (\varphi_o + k\delta)$$

zwei neue Lösungsmöglichkeiten abgeleitet werden.

Für $x_{k+1} = r \cos\left[\varphi_o + (k+1)\delta\right]$ ergibt sich mit den obigen Gleichungen

$$x_{k+1} = 2 \cos \delta \cdot x_k - x_{k-1}$$

oder $x_{k+1} = 2 \sin \delta \cdot y_k + x_{k-1}$.

Entsprechend ergibt sich für y_{k+1}

$$y_{k+1} = 2 \cos \delta \cdot y_k - y_{k-1}$$

oder $y_{k+1} = 2 \sin \delta \cdot x_k + y_{k-1}$.

Die beiden Gleichungspaare

$$x_{k+2} = 2 \cos \delta \cdot x_{k+1} - x_k$$

$$y_{k+2} = 2 \cos \delta \cdot y_{k+1} - y_k$$

und $\quad x_{k+2} = -2 \sin \delta \cdot y_{k+1} + x_k$

$$y_{k+2} = 2 \sin \delta \cdot x_{k+1} + y_k$$

stellen Lösungen dar zur Zirkularinterpolation durch Rekursion zweiter Ordnung. Bei jedem Interpolationszyklus ist neben Addition und Subtraktion nur jeweils _eine_ Multiplikation pro Koordinate durchzuführen. Deshalb ist zu erwarten, daß diese Lösungen mit geringerem Rechenzeitaufwand verbunden sind. Weiterhin ist festzuhalten, daß beide Lösungen mathematisch exakt sind und keinen systematischen Fehler enthalten. Selbst eine Näherung beim Bestimmen von $\cos \delta$ bzw. $\sin \delta$ aus dem erwünschten Winkelschritt δ bleibt hier ohne Auswirkung auf den Bahnverlauf, da sich lediglich der tatsächliche Winkelschritt $\overline{\delta}$ und damit die Bahngeschwindigkeit v_B, nicht aber der Radius r ändert.

Setzt man z.B.
$$\cos \delta \approx C_1 \text{ bzw. } \sin \delta \approx C_2,$$

wobei C_1 und C_2 z.B. für abgebrochene Potenzreihen stehen können, dann beträgt der Winkelschrittfehler

$$e_\delta = \text{arc } \cos C_1 - \delta$$
$$\text{bzw. } e_\delta = \text{arc } \sin C_2 - \delta.$$

Da die Rekursion zweiter Ordnung erst einsetzen kann,
wenn zwei Wertepaare bekannt sind, muß zusätzlich zum Anfangspunkt P_0 noch ein erster Zwischenpunkt P_1 bereitge-
stellt werden. Dabei ist ein anderer Algorithmus – z. B.
die in Abschnit 5.1.1 dargestellte direkte Funktionsberechnung – anzuwenden.

Der Einfluß des Abbruchfehlers bei den beiden gezeigten
Möglichkeiten zur Interpolation durch Rekursion zweiter
Ordnung ist verschieden. Deshalb wird er in getrennten Ab-
schnitten untersucht.

5.1.3.1 Rekursion zweiter Ordnung mit dem Faktor $2 \cos \delta$

Aus den Interpolationsgleichungen

$$x_{k+2} = 2 \cos \delta \cdot x_{k+1} - x_k$$

$$y_{k+2} = 2 \cos \delta \cdot y_{k+1} - y_k$$

folgen für $e_{2\cos\delta} = 0$, wie in Abschnitt 5.1.2.1 gezeigt,
die rekursiven Fehlergleichungen:

$$e_{x_{k+2}} = 2 \cos \delta \cdot e_{x_{k+1}} - e_{x_k} - e_{Ab1}$$

$$e_{y_{k+2}} = 2 \cos \delta \cdot e_{y_{k+1}} - e_{y_k} - e_{Ab2} \cdot$$

In <u>Bild 5.10</u> ist die Abhängigkeit des maximalen Radiusfehlers vom Winkelschritt für verschiedene größtmögliche
Beträge des Abbruchfehlers bei $\varphi_0 = 0$ dargestellt. Mit einer
Sicherheit von 99,9 % weichen die tatsächlich zu erwartenden
Werte des maximalen Radiusfehlers um weniger als 12,7 % von
den in <u>Bild 5.10</u> gezeigten Mittelwerten aus zwanzig Rechenläufen ab. Für die beiden Abbruchfehler wurden bei der Berechnung gleichverteilte Zufallszahlen verwendet.

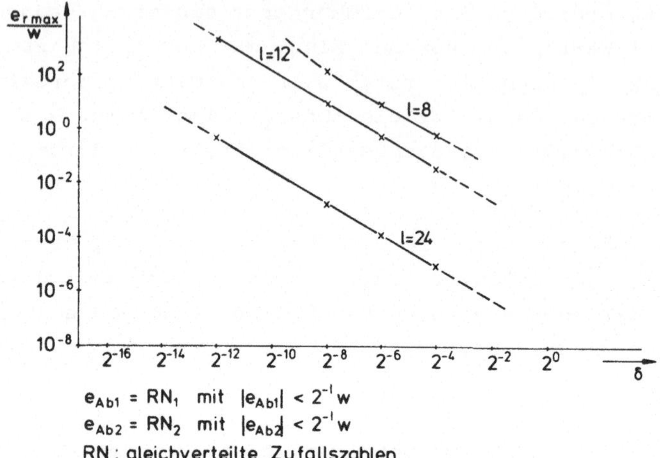

$$e_{Ab1} = RN_1 \quad \text{mit} \quad |e_{Ab1}| < 2^{-l}w$$
$$e_{Ab2} = RN_2 \quad \text{mit} \quad |e_{Ab2}| < 2^{-l}w$$

RN : gleichverteilte Zufallszahlen

Bild 5.10: Maximaler Radiusfehler aufgrund des
Abbruchfehlers bei Rekursion zweiter
Ordnung mit dem Faktor 2 cos δ .

5.1.3.2   Rekursion zweiter Ordnung mit dem Faktor 2 sin δ

Wie die Interpolationsgleichungen

$$x_{k+2} = -2 \sin \delta \cdot y_{k+1} + x_k$$
$$y_{k+2} = 2 \sin \delta \cdot x_{k+1} + y_k$$

stellen auch die Fehlergleichungen mit $e_{2\sin\delta} = 0$ ein
System von zwei Rekursionsgleichungen zweiter Ordnung dar:

$$e_{x_{k+2}} = -2 \sin \delta \cdot e_{y_{k+1}} + e_{x_k} + e_{Ab1}$$

$$e_{y_{k+2}} = 2 \sin \delta \cdot e_{x_{k+1}} + e_{y_k} + e_{Ab2} \; .$$

Wiederum aus zwanzig Rechenläufen mit $\varphi_0 = 0$ und gleichverteilten Zufallszahlen für die Abbruchfehler wurden die
in **Bild 5.11** eingetragenen Mittelwerte des maximalen Radiusfehlers ermittelt. Die Abweichung vom Mittelwert ist
mit einer Sicherheit von 99,9 % kleiner als 22 %.

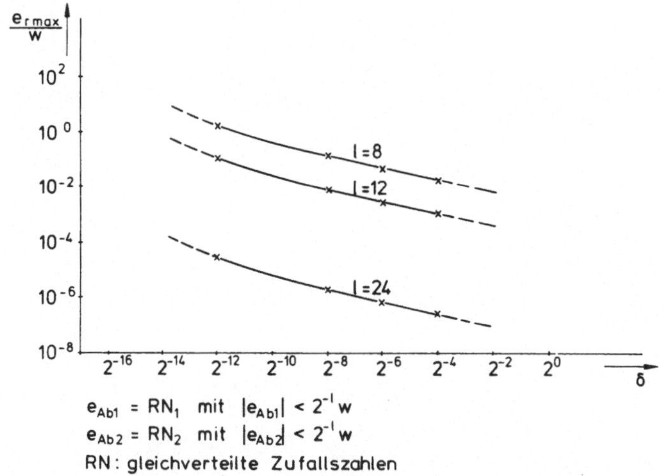

$e_{Ab1} = RN_1$ mit $|e_{Ab1}| < 2^{-l}\,w$

$e_{Ab2} = RN_2$ mit $|e_{Ab2}| < 2^{-l}\,w$

RN: gleichverteilte Zufallszahlen

Bild 5.11: Maximaler Radiusfehler aufgrund des
Abbruchfehlers bei Rekursion zweiter
Ordnung mit dem Faktor $2\sin\delta$.

5.1.4 Vergleich der Verfahren zur Zirkularinterpolation

durch Rechnerprogramme

Rekursive Interpolationsverfahren zeichnen sich durch den
geringen Rechenaufwand pro Interpolationszyklus aus. Sie
sind besonders geeignet zur Interpolation in einem festen
Zeitraster. In den Bildern 5.12 bis 5.15 sind für die vier
untersuchten rekursiven Verfahren die Grenzen für die
Bahngeschwindigkeit eingetragen, die einzuhalten sind,
wenn Fehler bei einer Wegeinheit von $w = 1\,\mu m$ kleiner als
$e_{rzul} = 1\,\mu m$ sein sollen. Für das Zeitraster sind dabei
Werte von $\Delta T = 20$ ms (Grobinterpolation) und $\Delta T = 5$ ms (einstufige Interpolation) eingesetzt. Durch ein Raster ist für
den erstgenannten Fall der zulässige Bereich von $v_B(r)$ her-
vorgehoben.

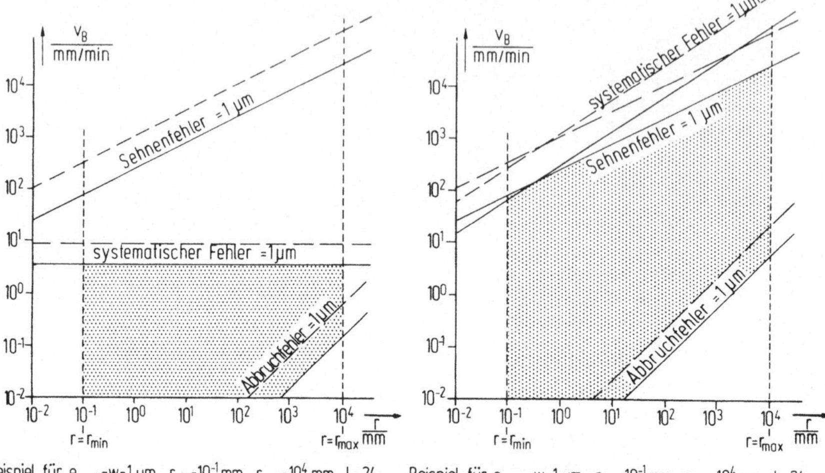

Beispiel für $e_{r\,zul} = w = 1\,\mu m$, $r_{min} = 10^{-1}\,mm$, $r_{max} = 10^4\,mm$, $l = 24$
—— $\Delta T = 20\,ms$ — — $\Delta T = 5\,ms$

Bild 5.12: Rekursion erster Ordnung mit Näherung erster Ordnung.

Beispiel für $e_{r\,zul} = w = 1\,\mu m$, $r_{min} = 10^{-1}\,mm$, $r_{max} = 10^4\,mm$, $l = 24$
—— $\Delta T = 20\,ms$ — — $\Delta T = 5\,ms$

Bild 5.13: Rekursion erster Ordnung mit Näherung zweiter Ordnung.

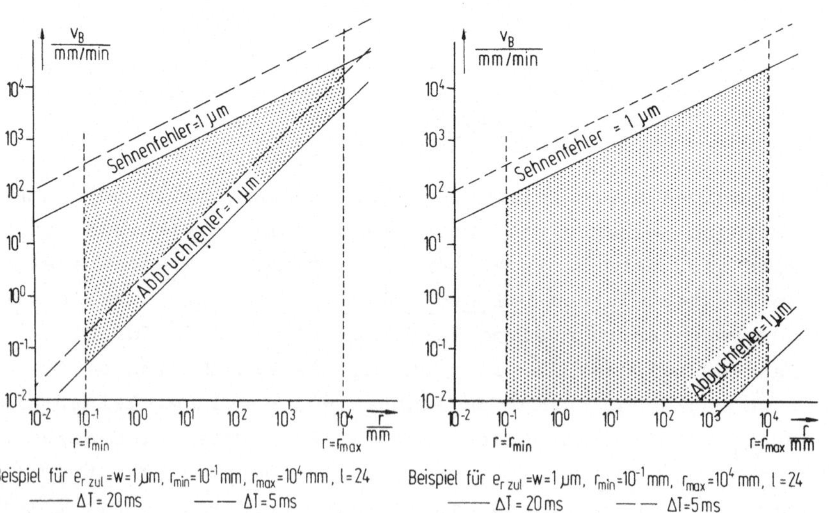

Beispiel für $e_{r\,zul} = w = 1\,\mu m$, $r_{min} = 10^{-1}\,mm$, $r_{max} = 10^4\,mm$, $l = 24$
—— $\Delta T = 20\,ms$ — — $\Delta T = 5\,ms$

Bild 5.14: Rekursion zweiter Ordnung mit dem Faktor $2\cos\delta$.

Beispiel für $e_{r\,zul} = w = 1\,\mu m$, $r_{min} = 10^{-1}\,mm$, $r_{max} = 10^4\,mm$, $l = 24$
—— $\Delta T = 20\,ms$ — — $\Delta T = 5\,ms$

Bild 5.15: Rekursion zweiter Ordnung mit dem Faktor $2\sin\delta$

Obere Grenzen für die Bahngeschwindigkeit ergeben sich aus
dem zulässigen Sehnenfehler (Bild 5.2) und aus dem systematischen Fehler durch Approximation der trigonometrischen
Funktionen (Bilder 5.5 und 5.8). Eine untere Grenze folgt
aus dem durch Abbruch der Produkte entstehenden maximalen
Radiusfehler (Bilder 5.7 und 5.9 bis 5.11). Der zulässige
Bereich für v_B (r) liegt zwischen diesen Grenzen; er wird
weiterhin durch den kleinsten und den größten geforderten
Radius (r_{min} und r_{max}) begrenzt.

Aufgrund der starken Einschränkung des Anwendungsbereiches
(v_B = f (r)) scheiden die Rekursion erster Ordnung mit
Näherung erster Ordnung (Bild 5.12) sowie die Rekursion
zweiter Ordnung mit dem Faktor $2 \cos \delta$ (Bild 5.14) aus.
Bei der Rekursion erster Ordnung mit der Näherung zweiter
Ordnung nimmt der systematische Fehler für kleine Radien
Werte an, die größer sind als der Sehnenfehler (Bild 5.13),
wodurch der Anwendungsbereich eingeschränkt wird. Das neu
entwickelte Verfahren zur Zirkularinterpolation durch
eine Rekursion zweiter Ordnung mit dem Faktor $2 \sin \delta$ ist
mit einem geringeren Rechenaufwand für die einzelnen Interpolationszyklen verbunden als das auf einer Rekursion
erster Ordnung mit einer Näherung zweiter Ordnung verbundene
Verfahren. Die Berechnung des ersten Zwischenpunktes erfordert zwar zusätzlichen Speicherplatz, fällt jedoch für
jeden Kreisbogen nur einmal an. Ein weiterer Vorteil des
neuen Verfahrens besteht darin, daß es keinen systematischen
Fehler enthält (Bild 5.15).
Aus den genannten Gründen wird zur Zirkularinterpolation
durch Rechnerprogramme das auf einer Rekursion zweiter
Ordnung mit dem Faktor $2 \sin \delta$ beruhende Interpolationsverfahren empfohlen.

5.2 Verfahren zur Hardware-Feininterpolation

Von den in Abschnitt 4.2 erläuterten Interpolationsver-
fahren eignen sich zur Hardware-Feininterpolation nur das
DDA-Verfahren und das Pulse-Rate-Multiply-Verfahren.
In Abschnitt 4.3.2 wurde gezeigt, daß lediglich lineare
Feininterpolation von Interesse ist.

5.2.1 Lineare Feininterpolation nach dem DDA-Verfahren

In /3, 4, 19, 20/ werden Lösungen zur Linearinterpolation
nach dem DDA-Verfahren beschrieben. Die Beschränkung auf
Feininterpolation hat eine Beschränkung der Stellenzahl
zur Folge, Lösungsprinzip und Fehlerbetrachtung bleiben
unverändert.

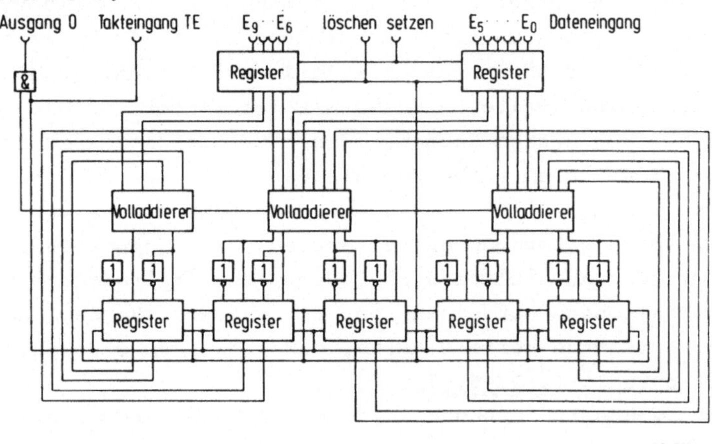

	Anzahl	IC-Type
erforderliche	2	74 04
Bauelemente:	1	74 08
	1	74 82
	2	74 83
	5	74 107
	2	74 174
	13 integrierte Schaltkreise (IC)	

Bild 5.16: Linearer DDA-Feininterpolator.

Bild 5.16 zeigt einen linearen DDA-Feininterpolator für
10 Dualstellen, wie er beispielsweise bei vorgeschalteter
Grobinterpolation in einem festen Zeitraster von 20 ms angewendet wird (vergleiche Abschnitt 6.1). Die im Bild enthaltene Tabelle gibt den Bauelementeaufwand für den Interpolator einer Achse wieder (Zusatzaufgaben wie Fehlermel-
dung, Busankopplung usw. sind nicht enthalten). Zu diesem
achsspezifischen Teil kommt noch ein Steuerwerk, dessen
Kern ein Dualzähler für die jeweils 2^{10} Feininterpolations-
takte ist.

Der Interpolationsfehler eines linearen DDA-Interpolators
ist unabhängig von der Stellenzahl immer kleiner als eine
Wegeinheit und hat somit keinerlei Begrenzung des Anwendungsbereiches zur Folge.

5.2.2   Lineare Feininterpolation nach dem

Pulse-Rate-Multiply-Verfahren

In Bild 5.17 ist ein linearer Feininterpolator für 12 Dualstellen und der zugehörige Bauelementeaufwand pro Achse dargestellt. Beim Vergleichen mit dem Aufwand für den in
Bild 5.16 dargestellten linearen DDA-Feininterpolator er-
kennt man den Vorteil des Pulse-Rate-Multiply-Verfahrens.

Der größte bei Linearinterpolation nach diesem Verfahren
auftretende Fehler eines l-stelligen Interpolators ergibt sich nach /26/ zu

$$e_{l\ max} = \left[\frac{7}{18} + \frac{1}{16} + (-1)^l\, \frac{2^{-l}}{9}\right]\cdot w$$

(Bild 5.18). Für $l \geqq 10$ übersteigt der Fehler den beim
DDA-Verfahren möglichen größten Fehler von zwei Einheiten,
der sich aus Interpolationsfehler und Quantisierungsfehler
zusammensetzt. Aufgrund des Interpolationsfehlers ist das
Pulse-Rate-Multiply-Verfahren nur für Feininterpolatoren
mit maximal 12 Dualstellen zu empfehlen.

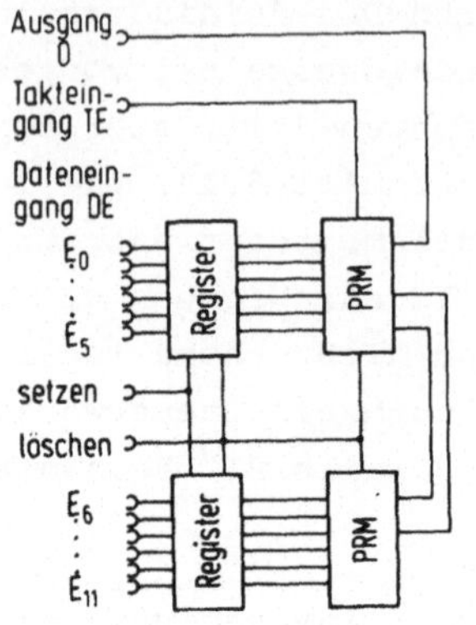

Bild 5.17: Linearer Feininterpolator nach dem Pulse-Rate-Multiply-Verfahren.

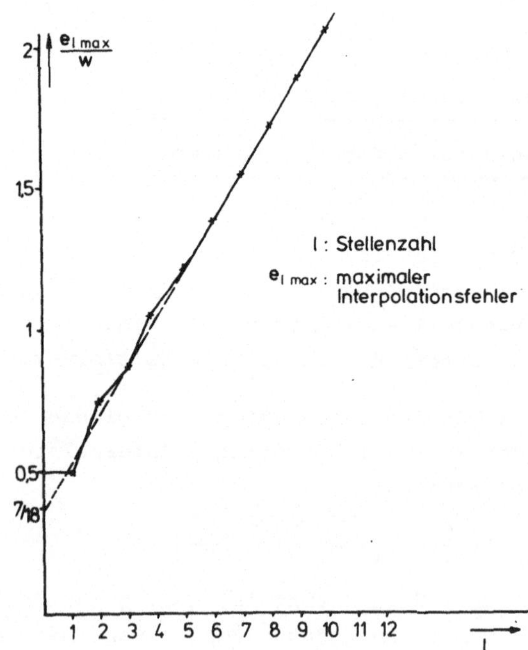

Bild 5.18: Maximaler Fehler beim Pulse-Rate-Multiply-Verfahren /26/.

6 Ausgeführte Lösungen zur Lagesollwertbildung und Lageeinstellung

6.1 Lösung für ein flexibles Fertigungssystem

6.1.1 Aufgabenstellung

Im Rahmen der Entwicklung eines Steuersystems für flexible Fertigungssysteme /7, 27, 29, 33, 34/ war auch die Lagesollwertbildung für die numerisch gesteuerten Arbeitsstationen zu lösen. Die ausgehend von der Analyse des Informationsflusses erarbeitete Grobstruktur des Steuersystems ist in **Bild 6.1** dargestellt. Sie enthält einen in sich abgeschlossenen Block "Abarbeitung geometrischer Steuerdaten".

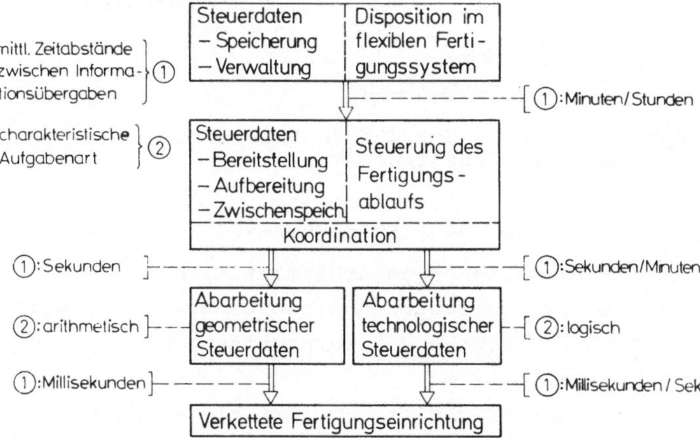

Bild 6.1: Grobstruktur eines Steuersystems für flexible Fertigungssysteme /7/.

Eingangsdaten dieses Blockes sind die Geometrie-Informationen für alle zu steuernden Arbeitsstationen. Unter Geometrie-Informationen sind entsprechend **Bild 6.2** alle In-

formationen eines Steuerdatensatzes zu verstehen, die zur
Geometrie- bzw. Bahnerzeugung erforderlich sind. Neben
Koordinatenwerten und Interpolationsart gehören hierzu die
programmierte Bahngeschwindigkeit und Wegbedingungen, welche den Übergang zwischen zwei Bewegungsabschnitten fest-
legen (z. B. mit oder ohne Eckenverzögerung, Verweilzeit).
Innerhalb des Aufgabenblockes "Abarbeitung geometrischer
Steuerdaten" sind Lageführungsgrößen für die Vorschubeinheiten der Arbeitsstationen zu bilden und die Lageeinstellung durch Lageregelung auszuführen.

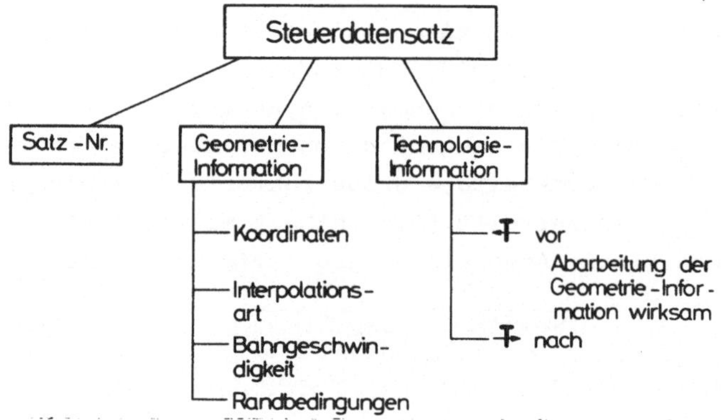

Bild 6.2: Gliederung der Information eines
Steuerdatensatzes /7/.

Als Randbedingungen sind vorgeschrieben:

1. Zahl der anschließbaren Arbeitsstationen: 6
2. max. Zahl der Vorschubeinheiten einer Arbeitsstation: 5
   (3 translatorische und 2 rotatorische)
3. Verfahrbereich: 2 m
4. Verfahrgeschwindigkeit: 5 mm/min bis 6 m/min
5. Interpolationsart: linear, bis zu 3 Achsen simultan
                      zirkular, in den 3 Hauptebenen
6. Radius: 0,1 mm bis 2 m
7. Wegauflösung: 2,5 μm

6.1.2 Strukturauswahl

Ausgangspunkt bei der Entwicklung des Steuersystems war
eine funktionsmäßige, d. h. an den einzelnen Steuerfunktionen orientierte Betrachtungsweise und das Ziel, den ge-
rätetechnischen Aufwand geringer zu halten als bei her-
kömmlichen Lösungen mit autarken Steuerungen für jede Arbeitsstation. Es entstand ein hierarchisch gegliedertes
Mehrrechnersystem zur Steuerung flexibler Fertigungssysteme
(Bild 6.3), dessen Geometriezweig einen Mehrmaschineninter-
polator enthält.

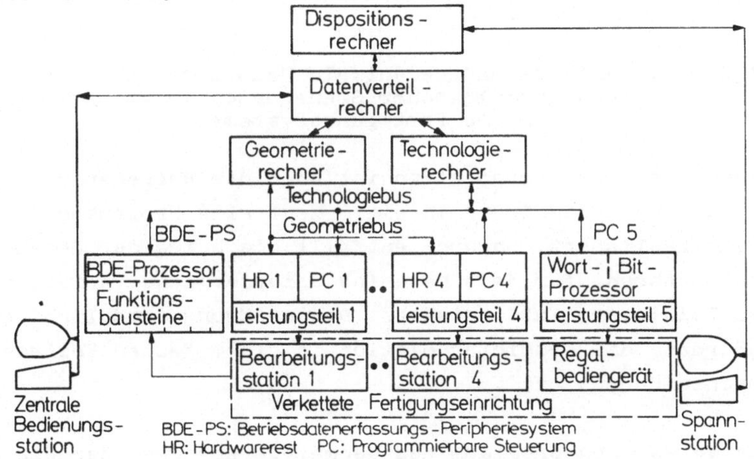

Bild 6.3: Steuersystem für flexible Fertigungssysteme /33/.

Da einstufige Interpolation für mehrere Maschinen zentral
in einem Prozeßrechner unter Einhaltung des durch die Maschinendynamik vorgegebenen größten zulässigen Zeitrasters
(vergleiche 3.4.1 und 4.3.1) nur mit erheblichem geräte-
technischen Aufwand durchführbar ist, wurde die zweistufige Interpolation gewählt. Der zentralen Grobinterpolation
durch Programmbausteine, die für alle Maschinen gemeinsam
verwendet werden, folgt eine festverdrahtete Feininterpolation, die für jede Vorschubeinheit getrennt ausgeführt
ist (Bild 6.4).

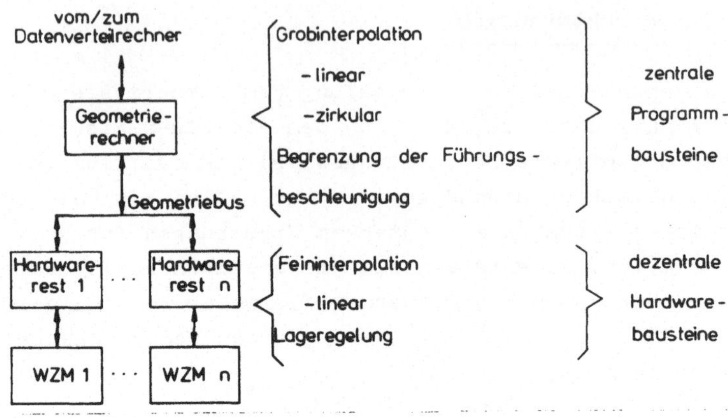

Bild 6.4: Zentrale und dezentrale Bausteine zur Verarbeitung geometrischer Steuerdaten im Steuersystem
für flexible Fertigungssysteme.

Neben der Grobinterpolation ist auch die Begrenzung der
Führungsbeschleunigung in einem zentralen Programmbau-
stein realisiert. Dadurch entfällt die bei einer dezen-
tralen Lösung für jede Maschine erforderliche Variation
des Feininterpolationstaktes. Diese Lösung ermöglicht es
außerdem, die Grobinterpolation in einem festen Zeitraster
durchzuführen.

Das Verwaltungsprogramm des Geometrierechners, der die Grobinterpolation zentral durchführt, arbeitet rein zyklisch.
Bild 6.5 zeigt den Datenflußplan mit den zentralen Pro-
grammbausteinen und den maschinenspezifischen Listen, die
neben den Steuerdaten auch Angaben über den Abarbeitungs-
zustand der Liste selbst enthalten. Vorbereitungs- und
Abarbeitungsliste sind gleich aufgebaut und dienen als
Wechselpuffer zur zeitlichen Entkopplung von Interpola-
tions-Vorbereitung und Abarbeitung. So kann während der
Abarbeitung eines NC-Satzes der folgende Satz für die Interpolation bereits vorbereitet werden.

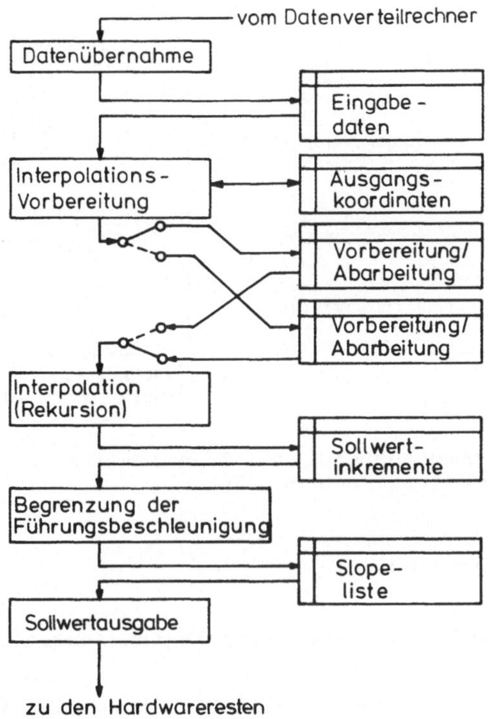

Bild 6.5: Datenfluß im Geometrierechner.

Die zyklische Programmverwaltung ist in **Bild 6.6** dargestellt. Zu Beginn des durch eine Differenzzeituhr gestar-
teten Zyklus werden zunächst für alle angeschlossenen
und freigegebenen Maschinen die im vorangegangenen Zyklus
berechneten Sollwerte ausgegeben. Auch für die Interpolation und die Überwachung, d. h. die Abfrage der dezen-
tralen Hardwarereste und des übergeordneten Datenverteil-
Rechners auf etwaige Fehlermeldungen, liegt eine feste
Reihenfolge der Programmaufrufe für alle Maschinen vor.

Im zweiten Zyklusteil werden nach Bedarf prioritätsgesteuert
die einzelnen Segmente der Interpolationsvorbereitung sowie
die Datenanforderung und -übernahme angestoßen.

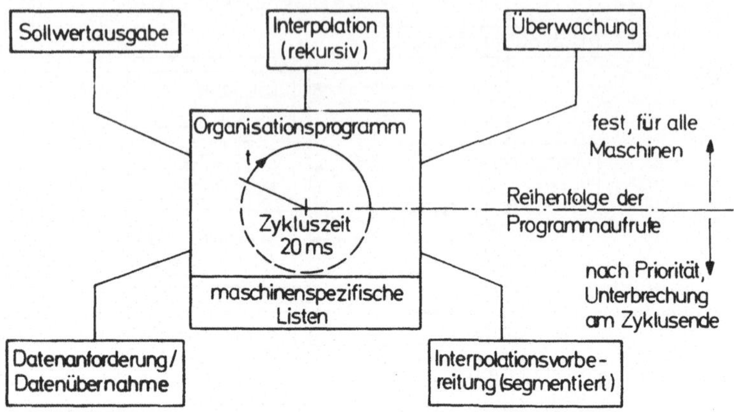

Bild 6.6: Programmbausteine und Organisation im Geometrierechner /34/.

6.1.3 Verfahrensauswahl

Dem bei der Strukturauswahl festgelegten festen Zeitraster und der Aufwandsbetrachtung in Abschnitt 5.1 entsprechend werden zur Software-Grobinterpolation rekursive Verfahren angewendet: zur Linearinterpolation eine Rekursion erster Ordnung, zur Zirkularinterpolation die in Abschnitt 5.1.3.2 vorgestelle Rekursion zweiter Ordnung mit dem Faktor 2 sinδ

Die **Bilder 6.7 und 6.8** zeigen das Flußdiagramm für die fünf Programmsegmente zur Vorbereitung der Linearinterpolation und die geometrische Bedeutung der dabei auftretenden Größen. Zunächst sind die zu verfahrenden Achsabschnitte dx, dy, dz zu berechnen. Der Weg s = $\sqrt{dx^2 + dy^2 + dz^2}$ wird mit Hilfe einer Näherungsformel durch drei Multiplikationen bestimmt. Die programmierte Bahngeschwindigkeit v_B und der Wert des festen Zeitrasters ΔT sind die Ausgangsgrößen bei der Ermittlung des Weginkrements Δs. Aus dem Verhältnis $\frac{\Delta s}{s}$ = q und den Achsabschnitten dx, dy und dz folgen die Achsinkremente Δx, Δy und Δz.

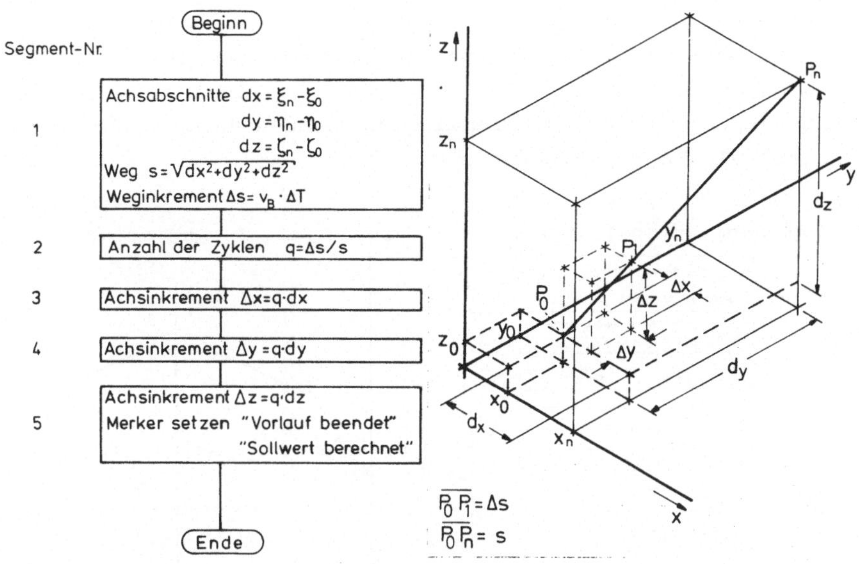

Bild 6.7: Grobflußdiagramm der Vorbereitung zur Linearinterpolation.

Bild 6.8: Geometrische Größen bei der Vorbereitung zur Linearinterpolation /27/.

Der rekursive Teil der Linearinterpolation besteht dann nur aus der Addition von Achsinkrementen und der Bereitstellung des ganzzahligen Zuwachsstückes zur Sollwertausgabe. Um die Akkumulierung der Fehler bei der Berechnung der Interpolationsparameter zu vermeiden, wird nach erfolgreicher Endpunktabfrage der programmierte Endpunkt des Interpolationsabschnitts angefahren.

Im Vorlauf zur Zirkularinterpolation werden zunächst die Koordinatenwerte in ein Koordinatensystem mit Ursprung im Kreismittelpunkt transformiert (Bild 6.9 und 6.10). Aus der programmierten Bahngeschwindigkeit v_B und dem Zeitraster ΔT ergibt sich der in der Zeit ΔT zu durchfahrende Kreisbogen Δs. Der Radius r wird aus den Koordinaten des Anfangspunktes näherungsweise bestimmt. Der dabei auftre-

tende Fehler pflanzt sich zwar fort bei der Berechnung des
Winkelschritts δ , um welchen in jedem Zyklus des Grobinterpolators verfahren werden soll, aber er wirkt sich nur als
Abweichung von der programmierten Bahngeschwindigkeit und
nicht als Bahnabweichung aus.

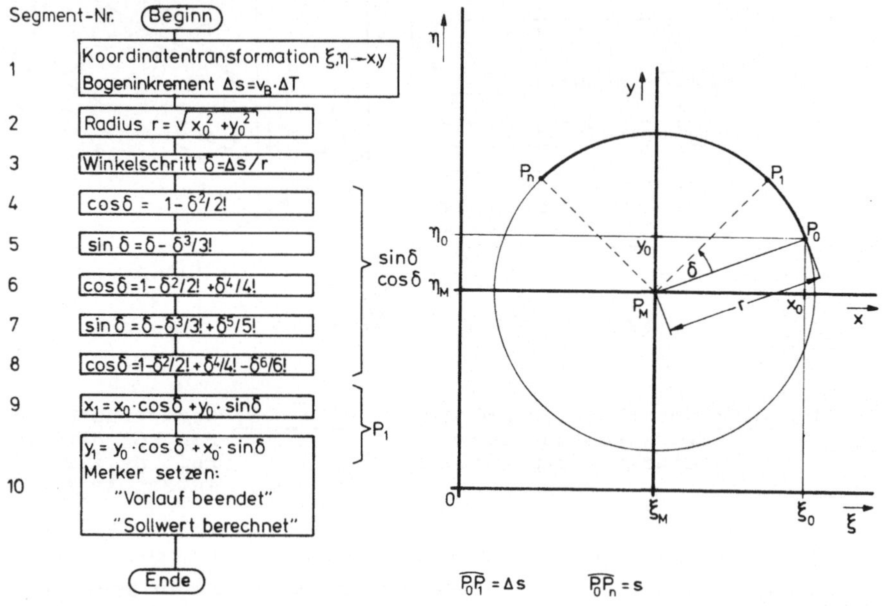

Bild 6.9: Grobflußdiagramm der Vorbereitung zur Zirkular-interpolation.

Bild 6.10: Geometrische Größen bei der Vorbereitung zur Zirkularinterpolation /27/.

Ebenfalls im Vorlauf werden $\sin\delta$ und $\cos\delta$ aus einer abgebrochenen Taylorreihe ermittelt. Diese Werte führen zusammen mit den Koordinaten des Anfangspunktes zum ersten
Stützpunkt auf dem Kreisbogen (P_1):

$$x_1 = x_0 \cos\delta - y_0 \sin\delta$$
$$y_1 = y_0 \cos\delta + x_0 \sin\delta \ .$$

Die Rekursionsgleichungen zur Bestimmung der Koordinatenwerte der folgenden Stützpunkte lauten

$$x_{k+2} = -2 \sin \delta \cdot y_{k+1} + x_k$$

$$y_{k+2} = 2 \sin \delta \cdot x_{k+1} + y_k.$$

6.1.4 Dimensionierung

Das Zeitraster des Grobinterpolators wurde den Ergebnissen von Abschnitt 4.3.3 entsprechend zu $\Delta T = 20$ ms festgelegt. Bild 6.11 zeigt die Kenndaten des ausgeführten Mehrmaschinen-Grobinterpolators und des nachgeschalteten "Hardwarerestes", der für jede Vorschubeinheit einen Feininterpolator und den Lageregler enthält.

Geometrierechner

Grobinterpolator

Zahl der anschließbaren Maschinen : 6
mögliche Interpolationsarten : linear : 3 von 5 Achsen
zirkular : in den Hauptachsen
Interpolationsraster : festes Zeitraster mit $\Delta T = 20$ ms
Wegauflösung : $w = 2,5$ µm
Interpolationsbereich : $s = 2,62$ m
Radiusbereich : $r = 0,1$ mm bis 2,62 m
Bahngeschwindigkeitsbereich : $v_B = 1$ mm/min bis 7,68 m/min
maximaler Interpolationsfehler auf der zu interpolierenden Strecke : linear : 2,5 µm
zirkular : 10 µm
im Endpunkt 0

Begrenzung der Führungsbeschleunigung

feste Anfahr- und Bremszeit : 320 ms (maximale Führungsbeschleunigung $a_{F\,max} = 0,4$ m/s^2)
Generieren des Führungshalts : automatisch

Hardwarerest

Feininterpolator (abgestimmt auf Grobinterpolator)

Interpolationsart : linear
Interpolationsbereich : 10 bit bzw. 2,56 mm
Interpolationsraster : Wegraster 2,5 m
Grundfrequenz : 400 kHz

Lageregler

maximaler Schleppabstand : ± 11 bit bzw. ± 5,12 mm

Bild 6.11: Kenndaten der Verarbeitung geometrischer Steuerdaten im Steuersystem für flexible Fertigungssysteme.

In **Bild 6.12** sind die Grenzen für die Bahngeschwindigkeit v_B bei Zirkularinterpolation in Abhängigkeit vom Radius r dargestellt (vergleiche Abschnitt 5.1.4). Die dabei zugrunde liegenden Datenformate zeigt **Bild 6.13**.

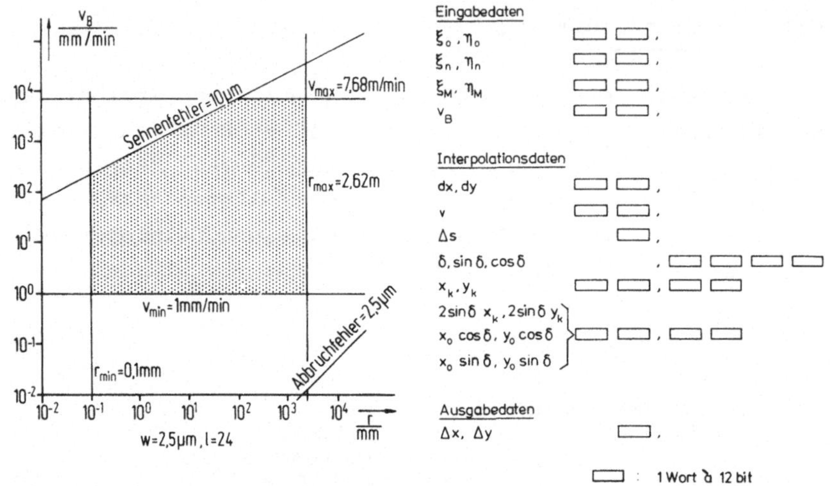

Bild 6.12: Grenzen für die Bahngeschwindigkeit bei Zirkularinterpolation.

Bild 6.13: Datenformate.

Bei der Ausführung des genannten Steuersystems wurde als Geometrierechner ein Kleinrechner der Type AEG 205 eingesetzt. Dieser war zum Zeitpunkt der Beschaffung (1973) von der Leistungsfähigkeit und auch vom Preis her zur unteren Klasse der Kleinrechner zu zählen. Bei zwölf bit Wortlänge weist er einen Adressierbereich von 4096 Worten auf. Seine sechzehn Register, denen während des Programmlaufes die Aufgaben eines Befehlszählers, eines Akkumulators oder eines Indexregisters zugeordnet werden können, erlauben die schnelle Ausführung von Unterprogrammsprüngen. Zusammen mit Additions- und Subtraktionsbefehlen, die eine automatische

Übertragsverarbeitung und Registerumschaltung enthalten,
bieten diese Register die Möglichkeit, Daten, die mehrere
Worte breit sind, schnell zu verarbeiten.

Für die oben beschriebene Anwendung wurde der Adressierbereich mit Hilfe freier Merkspeicher auf insgesamt 10240
Worte erweitert. Ein zusätzliches Multiplizierwerk für jeweils zwei Doppelworte (24 bit) führt eine Festkomma-Multi-
plikation in 10 μs aus und erhöht die Leistungsfähigkeit
bei arithmetischen Aufgaben beträchtlich, so daß die Grobinterpolation für bis zu sechs Arbeitsstationen im Geometrierechner durchgeführt werden kann. Die Interpolationsprogramme benötigen zusammen mit den Programmen zur Begrenzung der Führungsbeschleunigung, zur Datenübernahme vom
übergeordneten Datenverteilrechner und zur Datenausgabe
an sechs Hardwarereste einen Speicherplatz von ca. 8000
Worten.

Die Hardwarereste für die einzelnen Arbeitsstationen bestehen jeweils aus einem zweizeiligen Magazin für Steck-
karten im Europaformat (ca. 100 mm x 160 mm). Bei vollbe-
stücktem Magazin können fünf Vorschubeinheiten angesteuert
werden. Mit den heute verfügbaren Bauelementen läßt sich der
Aufwand für einen solchen Hardwarerest etwa halbieren (vergleiche 5.2.1 und 5.2.2 sowie 6.2.4).

6.2 Lösung für eine numerische Bahnsteuerung auf Mikro-prozessorbasis

Die Entwicklung von Steuerungen für Fertigungseinrichtungen
wird bestimmt durch die Weiterentwicklung der Aufgabenstellung und die Bauelemententwicklung /35/. Geräte sind
der neuen Aufgabenstellung und der technischen Verwirk-
lichungsmöglichkeit entsprechend zu entwickeln.

Kennzeichnend für die Bauelementeentwicklung der letzten
Jahre ist die fortschreitende Integrationsdichte bei Halb-
leiterbauelementen /35, 2/. Es wurden immer komplexere
integrierte Schaltkreise entwickelt bis hin zum Mikroprozessor, der Rechen- und Leitwerk mit allen dazugehöri-
gen Einheiten enthält und aus einem oder wenigen Halbleiter-
bauelementen besteht.

Mikroprozessoren ermöglichen zusammen mit anderen hochinte-
grierten Bauelementen kostengünstige speicherprogrammierte
Lösungen bei verringertem Platzbedarf und erhöhter Zuver-
lässigkeit. Die in Abschnitt 6.1 gezeigte funktionsmäßige
Gliederung eines Steuersystems für mehrere Arbeitsstationen
läßt sich bei Verwendung von Mikroprozessoren nun auch auf
die Steuerung einer einzelnen Maschine übertragen. Bei
Verwendung einer einheitlichen Nahtstelle zwischen den einzelnen Baugruppen - z. B. in Form eines steuerungsinternen
Bussystems - entsteht ein modulares Mehrprozessor-Steuer-
system, wie es zur Zeit entwickelt wird /36, 31, 2/.

Nachfolgend wird der Geometriezweig einer ausgeführten numerischen Bahnsteuerung auf Mikroprozessorbasis beschrieben.

6.2.1 Aufgabenstellung

Die entwickelte Steuerung soll sowohl für eine Fräsmaschine
als auch für ein Bearbeitungszentrum eingesetzt werden. Als
Randbedingungen sind vorgeschrieben:

1. maximale Anzahl der Vorschubeinheiten: 4
   (3 translatorische, 1 rotatorische)
2. Verfahrbereich: 2 m
3. Verfahrgeschwindigkeit: 1 mm/min bis 4 m/min
4. Interpolationsart: linear, bis zu 3 Achsen simultan
                      zirkular, in den 3 Hauptebenen
5. Radius: 0,1 mm bis 10 m
6. Wegauflösung: umschaltbar zwischen 1 μm und 10 μm.

6.2.2   Strukturauswahl

Ausgangspunkt der Entwicklung war die Verwendung eines vom
Rechnerhersteller angebotenen kompletten Mikrorechners als
Zentralprozessor der Steuerung. Für das Bedienfeld wurde
ein zweiter Prozessor eingesetzt, der die Bedienungsinfor-
mationen in ein Format umsetzt, das für Rechnerperipherie-
geräte wie Bildschirmgerät oder Bedienblattschreiber stan-
dardisiert ist. Er kann deshalb über eine serienmäßige An-
schaltung an den Mikrorechner angeschlossen werden.

Wegen des geringen Aufwandes für einen linearen Feininterpolator (vergleiche Abschnitt 5.2.2) und um den Zentralprozessor für neue Aufgaben einsetzen zu können - insbesondere zur Vereinfachung der Programmeingabe von Hand und
der Bedienung - ist die Interpolation zweistufig mit Zeitraster-Grobinterpolation ausgeführt.

Zur linearen Feininterpolation und zur Lageregelung wird
ein Hardwarerest eingesetzt. Dieser enthält ein Steuerwerk, das den Feininterpolationstakt bildet und eine Variation der Frequenz dieses Taktes im Verhältnis von 2 bis
2^{-11} durch Programmierung ermöglicht. Die Führungsbeschleunigung wird begrenzt durch ein Programm, mit dessen Hilfe
ein "Taktfaktor" berechnet wird. Dieses Programm wird in
festen Zeitabständen aufgerufen. Es verändert durch Ausgabe des neuen Taktfaktors den Feininterpolationstakt und
damit die Bahngeschwindigkeit. Die Interpolation wird dabei nur in ihrem zeitlichen Ablauf beeinflußt.

In Bild 6.14 ist die Struktur des Interpolators dargestellt.

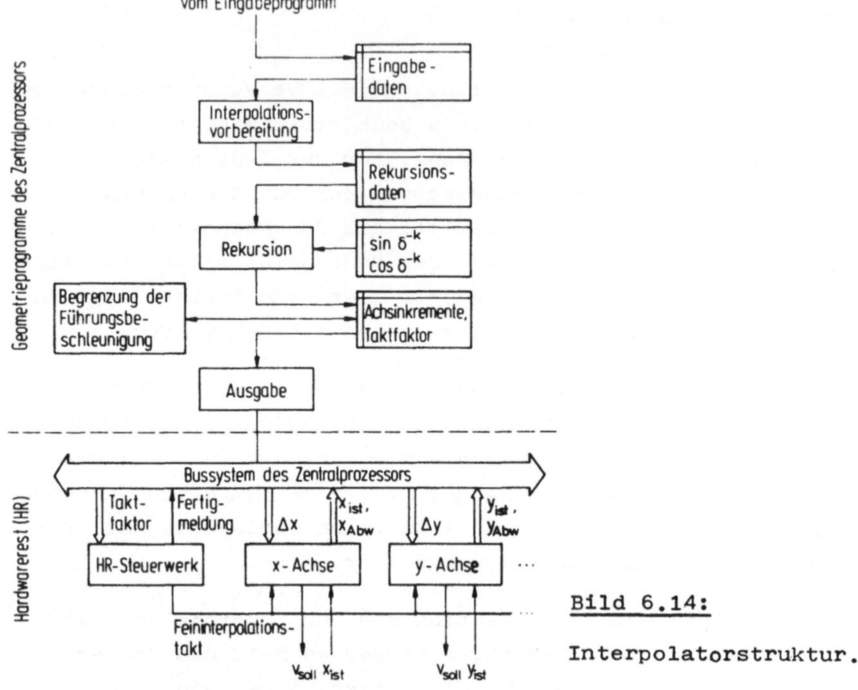

Bild 6.14:

Interpolatorstruktur.

6.2.3   Verfahrensauswahl

Es werden dieselben Interpolationsverfahren wie im ersten Beispiel (Abschnitt 6.1) verwendet. Da hier jedoch eine Variation des Feininterpolationstaktes für eine einfache Realisierung der Begrenzung der Führungsbeschleunigung vorgesehen ist, wird diese Möglichkeit auch genutzt, um die Reihenentwicklung zur Berechnung von $\sin\delta$ und $\cos\delta$ einzusparen. Für $\delta = 2^{-k}$ mit $1 \leqq k \leqq 24$ sind die Werte von $\sin\delta$ und $\cos\delta$ in einer Liste abgespeichert. Statt des aus v_B, ΔT und r berechneten Winkelschritts δ wird jeweils die nächstgrößere Zweierpotenz verwendet und die richtige Bahngeschwindigkeit durch entsprechende Untersetzung des Feininterpolationstaktes und damit des Zeitrasters eingestellt.

6.2.4 Dimensionierung

Als Zeitraster des Grobinterpolators ist $\Delta T = 20$ ms vorgesehen (vergleiche Abschnitt 4.3.3). In den Bildern 6.15 und 6.16 sind die Kenndaten des Interpolators und die Grenzen für die Bahngeschwindigkeit bei Zirkularinterpolation dargestellt. Bild 6.17 zeigt die verwendeten Datenformate.

Zentralprozessor

Grobinterpolator

mögliche Interpolationsarten	: linear : 3 aus 4 Achsen
	zirkular : in den Hauptebenen
Interpolationsraster	: festes Zeitraster mit $\Delta T = 20$ ms
Ausgaberaster	: Variation des Zeitrasters mittels Taktfaktor im Verhältnis von 2 bis 2^{-11}
Wegauflösung	: $w = 10$ µm $\quad$ ($w = 1$ µm)
Interpolationsbereich	: $s = 2$ m $\quad$ ($s = 10$ m)
Radiusbereich	: $r = 0,1$ mm bis 10 m
Bahngeschwindigkeitsbereich	: $v_B = 1$ mm/min bis 4 mm/min
maximaler Interpolationsfehler	: auf der zu interpolierenden Strecke : 10 µm (1 µm)
	: im Endpunkt $\qquad$: 0

Begrenzung der Führungsbeschleunigung

zwei Bereiche mit konstanter Führungsbeschleunigung
Bereichsgrenze einstellbar (z. Z. 2 m/min)
maximale Führungsbeschleunigung einstellbar (z. Z. $a_{F\,max\,1} = 0,4$ m/s^2 und $a_{F\,max\,2} = 0,24$ m/s^2)
Generieren des Führungshalts $\quad$: automatisch

Hardwarerest

Feininterpolator (abgestimmt auf Grobinterpolator)

Interpolationsart	: linear
Interpolationsbereich	: 9 bit bzw. 5, 12 mm
	(12 bit bzw. 4, 096 mm)
Interpolationsraster	: Wegraster
Grundfrequenz	: 1, 6 MHz

Lageregler

maximaler Schleppabstand	: $\pm$ 11 bit bzw. $\pm$ 20, 48 mm
	($\pm$ 14 bit bzw. $\pm$ 16, 384 mm)

Bild 6.15: Kenndaten der Verarbeitung
geometrischer Steuerdaten.

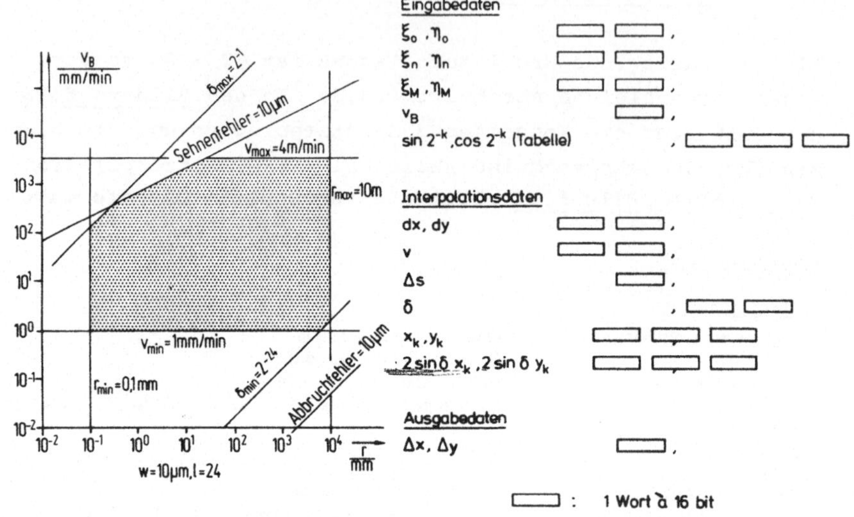

Bild 6.16: Grenzen für die Bahngeschwindigkeit bei Zirkularinterpolation.

Bild 6.17: Datenformate.

Die Führungsbeschleunigung wird im oberen Geschwindigkeitsbereich auf einen niedrigeren Wert begrenzt als bei kleinen Geschwindigkeiten (vergl. **Bild 6.15**). Dadurch wird bei konstanter Geschwindigkeitsverstärkung vermieden, daß die drehzahlabhängige Strombegrenzung, die ein Überschreiten der Kommutierungsgrenzkurve des Antriebs verhindert, im normalen Betrieb wirksam wird. Wie in Abschnitt 3.2.3 gezeigt, werden durch diese Maßnahme bestimmte Bahnabweichungen durch Nichtlinearitäten vermieden.

Bei der ausgeführten Lösung wird ein Mikrorechner "LSI 11" von Digital Equipment eingesetzt. Sein Bussystem dient als steuerungsinterner Bus und verbindet den Zentralprozessor mit Speicher- und Ein-/Ausgabekarten sowie mit den Karten des Hardwarerestes. Die Hardwarerestkarten sind im Doppel-Europaformat aufgebaut (ca. 210 mm x 160 mm). Eine Karte

enthält das Steuerwerk des Hardwarerestes. Für jede zu
steuernde Vorschubeinheit ist nur noch eine weitere Karte
erforderlich, welche Feininterpolator, Lageregler, Lage-
Istwertzähler, einen Digital-Analog-Wandler und eine Bau-
gruppe zur Auswertung der Signale der als Wegmeßsystem verwendeten inkrementalen Geber enthält. Der Hardwarerest
einer Vierachsensteuerung besteht somit nur aus fünf Dop-
peleuropakarten.

7   Zusammenfassung

Die vorliegende Arbeit befaßt sich mit Untersuchungen zur
Interpolation in numerischen Bahnsteuerungen. Besondere
Beachtung findet die Anwendung von Kleinrechnern und Mi-
kroprozessoren in diesem Bereich.

Zunächst wird die Aufgabe "Interpolation" und ihre Einordnung in die Informationsverarbeitung bei numerisch gesteuerten Arbeitsmaschinen vorgestellt. Am Beispiel eines
Antriebs mit dem Zeitverhalten eines Verzögerungsgliedes
erster Ordnung werden die Anforderungen an die Lageführungsgrößenerzeugung und an die Lageeinstellung beschrieben. Es folgt die Dimensionierung des Abtasters für zeitdiskrete Führungsgrößenvorgabe und Abtast-Lageregelkreise,
Lösungen, die bei der Ausführung der numerischen Bahnsteuerung mit Prozeßrechnern oder Mikroprozessoren anzuwenden sind.

Der nächste Abschnitt führt kennzeichnende Begriffe und
Lösungsformen zur Interpolation ein. Es werden verschiedene Gruppen von Interpolationsverfahren anhand dieser Begriffe geordnet und dargestellt. Hinweise zur Auswahl der
Struktur und des Verfahrens sowie der Dimensionierung
eines Interpolators folgen.

Kapitel 5 beschreibt mehrere Interpolationsverfahren, sowie
den jeweiligen Realisierungsaufwand und den auftretenden
Interpolationsfehler. Dabei wird auch ein neu entwickel-
tes Verfahren zur Zirkularinterpolation durch Rechnerprogramme abgeleitet, das sich durch geringen Rechenaufwand
und einen kleinen Interpolationsfehler auszeichnet.

Bei der Beschreibung eines Mehrmaschinen-Interpolators und
eines Interpolators einer numerischen Bahnsteuerung auf
Mikroprozessorbasis werden die erarbeiteten Dimensionierungshinweise angewendet.

Berichte aus dem Institut für Steuerungstechnik der Werkzeugmaschinen und Fertigungseinrichtungen der Universität Stuttgart

Herausgegeben von Prof. Dr.-Ing. G. Stute

Bereits erschienen:

ISW 1:   D. Schmid, Numerische Bahnsteuerung, 89 S., 1972

ISW 2:   H. Schwegler, Fräsbearbeitung gekrümmter Flächen, 111 S., 1972

ISW 3:   J. Eisinger, Numerisch gesteuerte Mehrachsenfräsmaschinen, 90 S., 1972

ISW 4:   R. Nann, Rechnersteuerung von Fertigungseinrichtungen, 125 S., 1972

ISW 5:   G. Augsten, Zweiachsige Nachformeinrichtungen, 140 S., 1972

ISW 6:   B. Karl, Die Automatisierung der Fertigungsvorbereitung durch NC-Programmierung. 121 S., 1972

ISW 7:   H. Eitel, NC-Programmiersystem, 117 S., 1973

ISW 8:   E. Knorr, Numerische Bahnsteuerung zur Erzeugung von Raumkurven auf rotationssymmetrischen Körpern, 130 S., 1973

ISW 9:   S. Bumiller, Viskohydraulischer Vorschubantrieb, 123 S., 1974

ISW 10:   K. Maier, Grenzregelung an Werkzeugmaschinen, 140 S., 1974

ISW 11:   J. Waelkens, NC-Programmierung, 160 S., 1974

ISW 12:   E. Bauer, Rechnerdirektsteuerung von Fertigungseinrichtungen, 138 S., 1975

ISW 13:   H. König, Entwurf und Strukturtheorie von Steuerungen für Fertigungseinrichtungen, 206 S., 1976

ISW 14:   H. Damsohn, Fünfachsiges NC-Fräsen, 143 S., 1976

ISW 15:   H. Jetter, Programmierbare Steuerungen, 141 S., 1976

ISW 16:   H. Henning, Fünfachsiges NC-Fräsen gekrümmter Flächen, 180 S., 1976

ISW 17:   K. Boelke, Analyse und Beurteilung von Lagesteuerungen für numerisch gesteuerte Werkzeugmaschinen, 105 S., 1977

ISW 18:   F.-R. Götz, Regelsystem mit Modellrückkopplung für variable Streckenverstärkung, 116 S., 1977

ISW 19:   H. Tränkle, Auswirkungen der Fehler in den Positionen der Maschinenachsen beim fünfachsigen Fräsen, 103 S., 1977

ISW 20:   P. Stof, Untersuchungen über die Reduzierung dynamischer Bahnabweichungen bei numerisch gesteuerten Werkzeugmaschinen, 118 S., 1978

ISW 21:   R. Wilhelm, Planung und Auslegung des Materialflusses flexibler Fertigungssysteme, 158 S., 1979

ISW 22:   N. Kappen, Entwicklung und Einsatz einer direkten digitalen Grenzregelung für eine Fräsmaschine mit CNC, 112 S., 1979

ISW 23:   H.G. Klug, Integration automatisierter technischer Betriebsbereiche, 125 S., 1978

ISW 24:   D. Binder, Interpolation in numerischen Bahnsteuerungen, 130 S., 1979

ISW 26:   L. Schenke, Auslegung einer technologisch-geometrischen Grenzregelung für die Fräsbearbeitung, 113 S., 1979

Bände in Vorbereitung siehe Rückseite

In Vorbereitung:

ISW 25: O. Klingler, Steuerung spanender Werkzeugmaschinen mit Hilfe von Grenzregel-einrichtungen (ACC), ca. 125 S., 1979

ISW 27: H. Wörn, Numerische Steuersysteme. Aufbau und Schnittstellen eines Mehr-prozessorsteuersystems, ca. 140 S., 1979

Springer-Verlag
Berlin · Heidelberg · New York